Rechenrabe Trax 1

Teil A

Eva Fahrngruber
Petra Fuchs
Egon Kaufmann
Ilka Lechner
Josef Vögele

www.oebv.at

Inhalt

TEIL A

Inhalt

Inhalt

Dein Rechenrabe Trax-Mathematikbuch kennen lernen

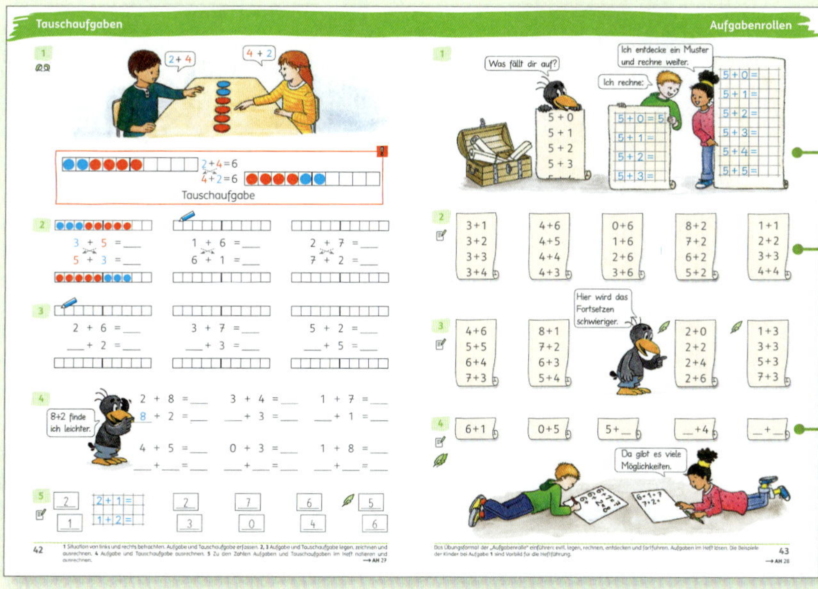

Basisseite
Hier lernst du etwas Neues.

Hier übst du mit einfachen Aufgaben.

Hier kannst du Federaufgaben lösen.

Wiederholung
Hier zeigst du, was du neu gelernt hast oder was du noch kannst.

Kopftraining
Hier kannst du knobeln und spielen.

Symbole im Buch

- Aufgaben, die schwieriger sind
- Aufgaben, die noch schwieriger sind
- Arbeitet zu zweit
- Schreibe in dein Heft
- → AH 12 passende Seite im Arbeitsheft
- Besprecht, vergleicht und präsentiert die Lösungswege und Ergebnisse in einer Rechenkonferenz.
- Zusätzliche Hörübung auf der Audio-CD
- Diskutiert und begründet eure Vorgehensweise.
- 18 Lösungszahlen zum Kontrollieren

Vorwissen: Was kann ich schon?

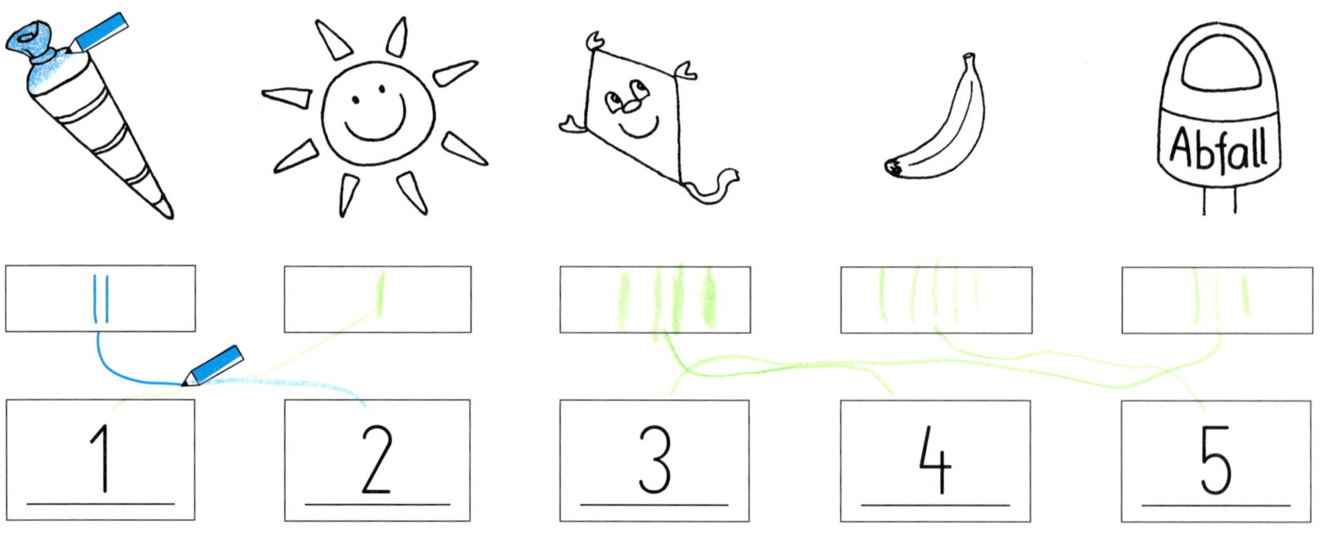

Arithmetische Standortbestimmung: Zum Bild erzählen. Kenntnisse über Zahlen einbeziehen. Über die Bedeutung der Zahlen und des Rechnens sprechen. Die unten abgebildeten Gegenstände im Bild suchen, deren Anzahl mit Strichliste erfassen und den Zahlen zuordnen. Die Gegenstände anmalen.

VOLKSSCHULE
7
Abfall
Abfall
Warum willst du rechnen lernen?

6	7	8	9	10

→ AH 3

Zahlen bis 10

Die Rechenraben-Kinder kennenlernen. Die Zahlen von 0 bis 10 einführen. Über das Bild sprechen, zählen, mit Material legen. Zahlenbilder und Strichdarstellungen für Zahlen besprechen. 5er-Bündelung bei Strichdarstellungen erarbeiten. Die Repräsentanten für 1 bis 5 anmalen.

Strichdarstellungen für die Zahlen ergänzen. Mengen für die Zahlen 7 bis 10 zeichnen und anmalen. **Hörübung:** Aufträge zum Zeichnen von Dingen in die Kreise umsetzen.

→ AH 4

Mehr – weniger – gleich viel

1 Gibt es für jedes Kind einen Reifen, ein Seil, ...?

2

3

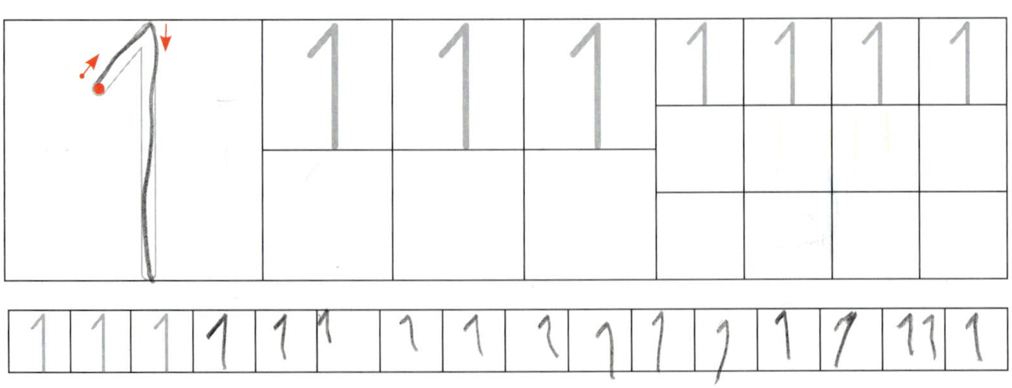

1 Anzahl der Kinder und die Anzahlen der Sportgeräte durch 1:1 Zuordnung vergleichen. **2, 3** Zuordnung durch Verbindungsstriche. Über Lösungswege sprechen. Beginn des Ziffernschreibkurses mit der Zahl 1.

→ **AH** 5

1

1	1	2	2	3	3	4	4	5	5

2 2

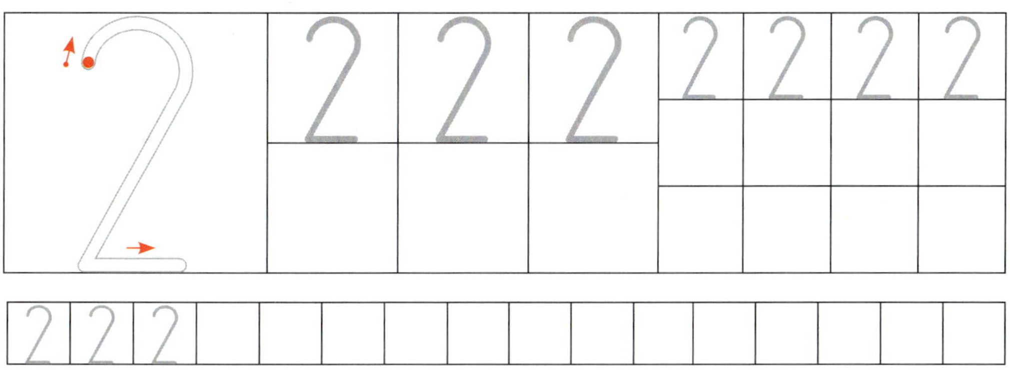

Schwerpunkt der Seite ist das Zählen und Bündeln. **1** Menge und Zahl verbinden. **2** Gleiche Anzahlen einkreisen. Ziffernschreibkurs für die Zahl 2.

→ **AH** 6

Links – rechts

1

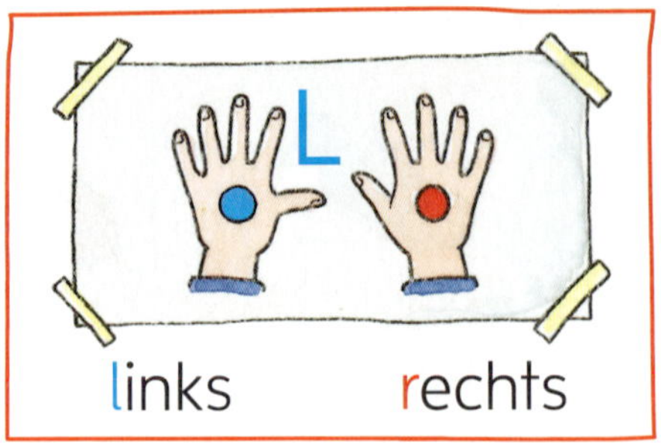

2

3

1, 2 Links und rechts bezogen auf den eigenen Körper erkennen, rechte/linke Hand mit Farbpunkten markieren. **3** Linke/rechte Hand bzw. Bein aus der Perspektive der Kinder erkennen und den Kreis rot bzw. blau färben (Perspektivwechsel thematisieren). Über Lösungswege sprechen, die eigene Lösung erklären können. **Hörübung:** Anweisungen zu links und rechts ausführen.

1 Was liegt wo? Beschreibe.

2 Was ist wo? Beschreibe und zeichne.

3

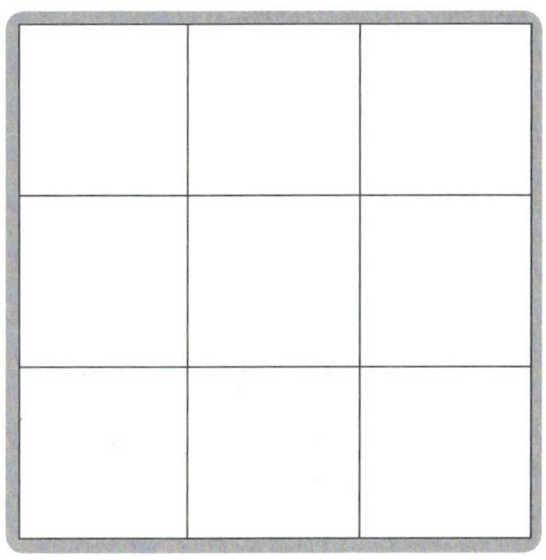

1 Lage der Gegenstände beschreiben: links (von), rechts (von), oben, unten, über, unter, neben, zwischen, ... **2** Lage der fehlenden Bilder beschreiben und zeichnen. **3** Kind 1 legt Plättchen in sein leeres Legefeld und beschreibt Kind 2 die Lage. Kind 2 legt nach der Beschreibung die gleichen Plättchen in sein leeres Legefeld. **Hörübung**: Gegenstände an die passende Stelle in ein Raster (KV) einzeichnen.

→ AH 7

Zählen und darstellen

1

2 Wie viele? Male an.

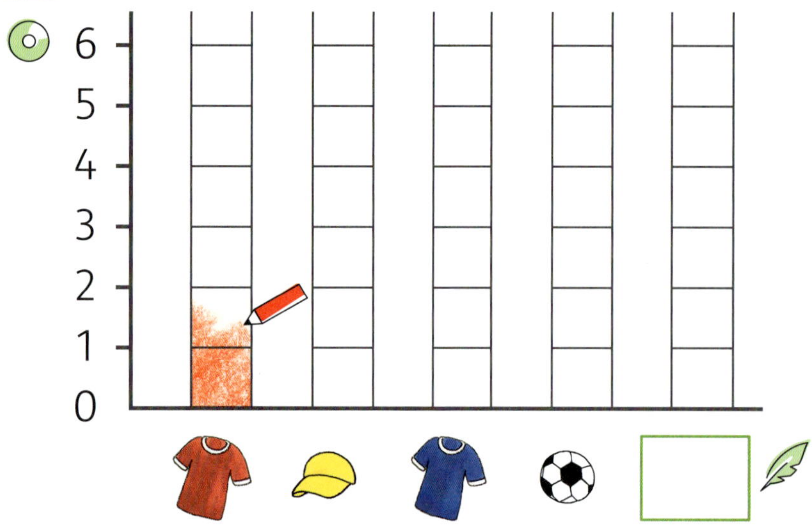

1 Über das Bild sprechen; Merkmale und Lage der Personen und Gegenstände beschreiben. Für die ausgewählten Merkmale Anzahl bestimmen und als Strichliste festhalten. Für das letzte Feld eigenes Merkmal wählen und Anzahl angeben. **2** Aus der Strichliste ein Säulendiagramm erstellen. **Hörübung:** Säulen zur Anzahl der Klänge anmalen. Ziffernschreibkurs für die Zahl 3.

→ **AH** 8

1

1	2	3	3	4	4	5	5	6	6

2 4

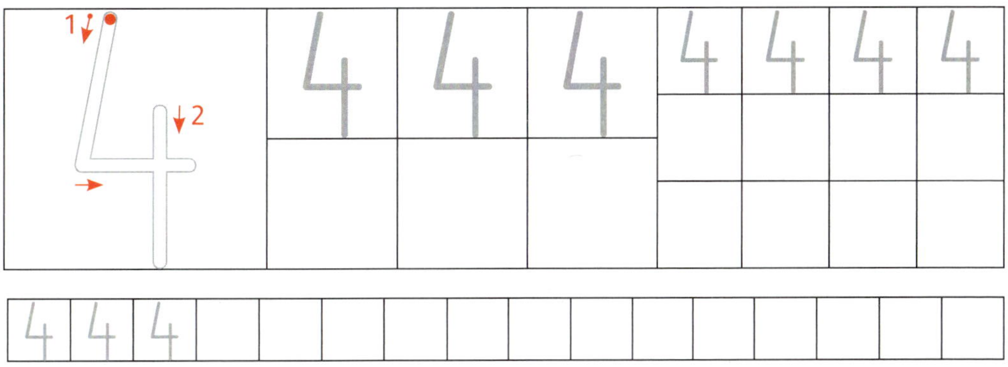

1 Menge und Zahl verbinden. **2** Gleiche Anzahlen einkreisen.
Ziffernschreibkurs für die Zahl 4.

→ AH 9

Zahlenbilder

1

Immer 5

2 Immer 5. Lege und zeichne.

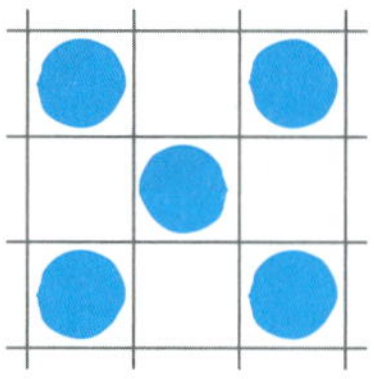

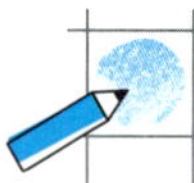

Immer 4.

Immer ☐.

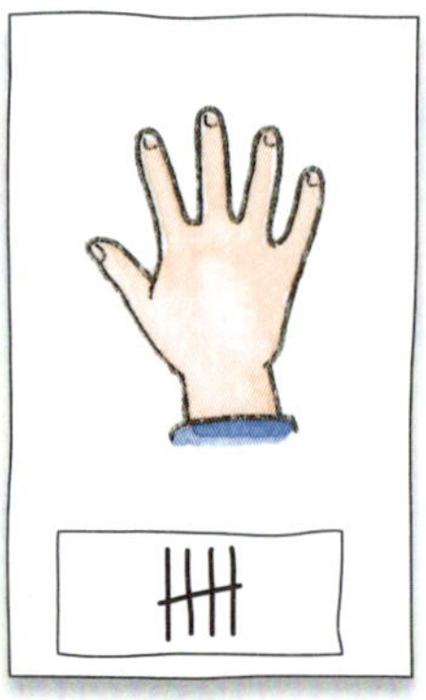

5 5 5 5 5 5 5

5 5 5

1, 2 Zahlenbilder zu den Zahlen 5, 4 und zu eigenen Zahlen legen und zeichnen.
Ziffernschreibkurs für die Zahl 5.

→ AH 10

1

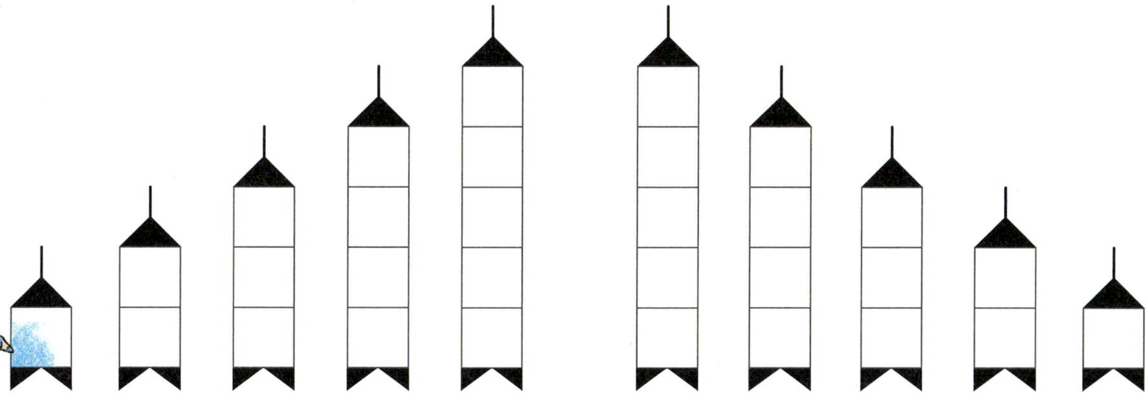

1 ◯ ◯ ◯ ◯ 5 ◯ ◯ ◯ ◯

2

1	2	3	4	5

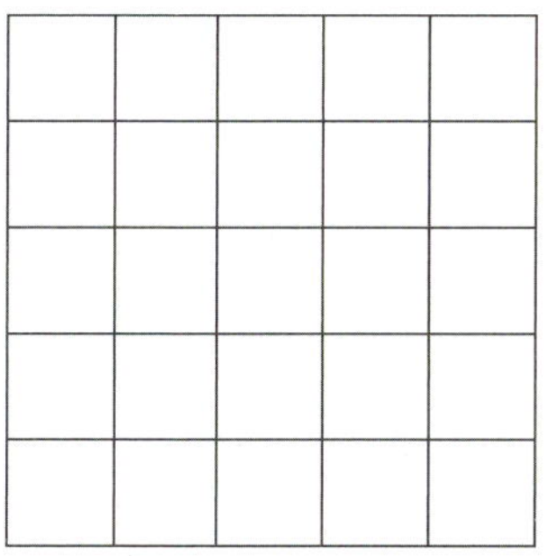

5	4	3	2	1

3

I	1		5		
II			4		
III			3		
IIII			2		
~~IIII~~			1		

3

2 + 1

plus

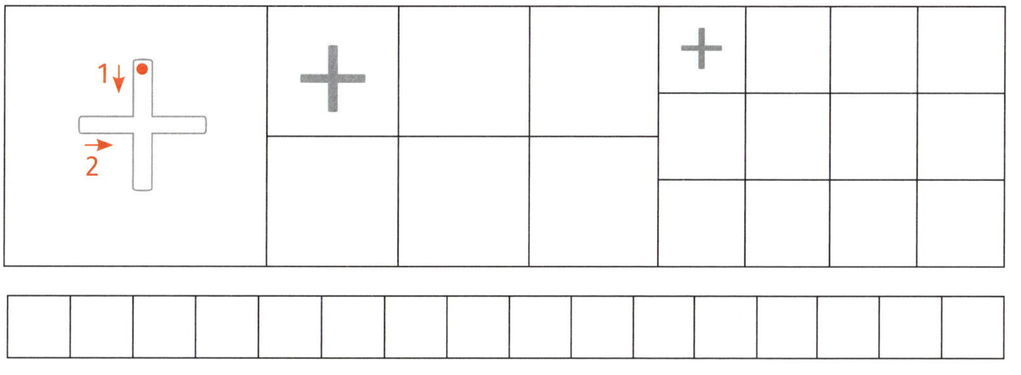

1, 2 Zahlenmengen passend anmalen. **3** Zahlentreppen anhand von Strichlisten erstellen.
Schreibkurs für das Operationszeichen Plus.

Zahlen bis 5 zerlegen

1

2 Das hat Fatima noch geworfen. Was wirfst du?

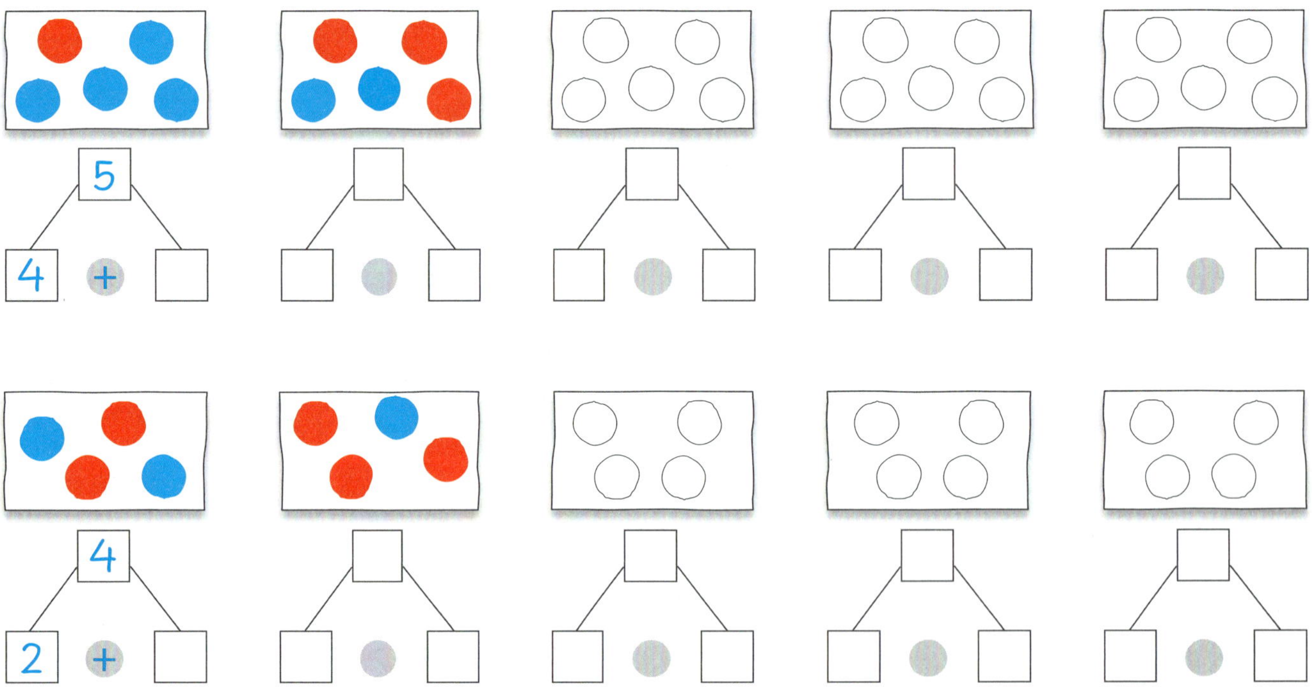

3 Wirf mit 5 Plättchen. Finde verschiedene Möglichkeiten.

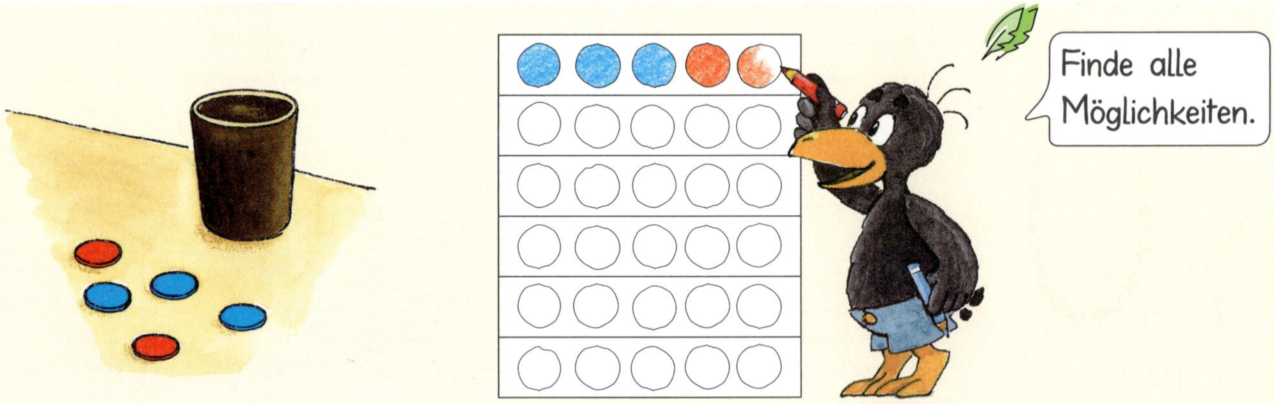

1–3 Plättchen werfen; Zahlzerlegungen erkennen und notieren. Das Pluszeichen anwenden und als Schreibweise für eine Zahlzerlegung verwenden. Ergebnisse notieren.

1

2 Immer 5.

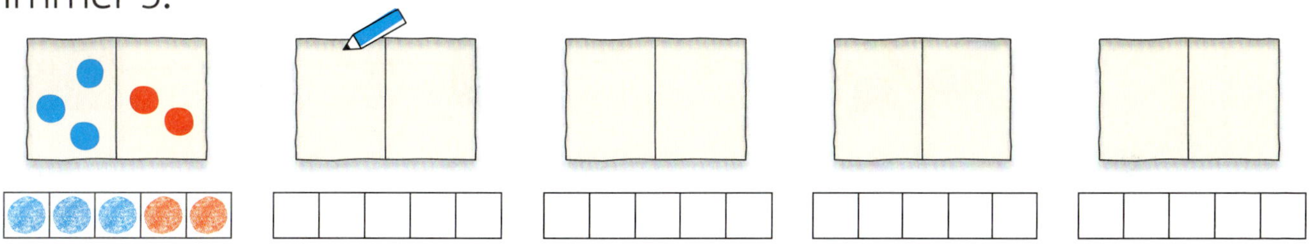

3 Immer 3.

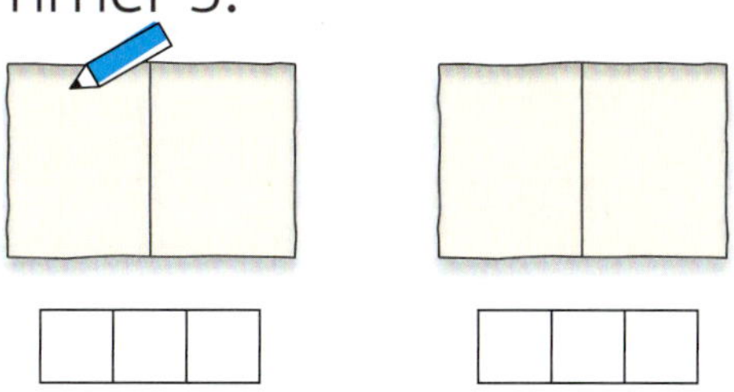

Immer 2.

4

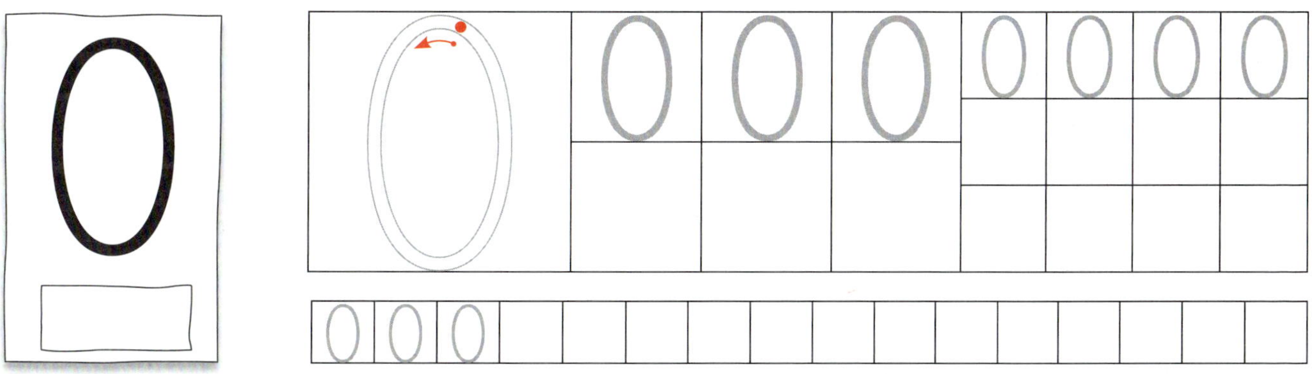

1 Mit dem Knobelbecher und den Wendeplättchen arbeiten. **2 – 3** Zerlegungen eintragen und zeichnen, oder mögliche Zerlegungen selbst zeichnen. **4** Bedeutung der Zahl 0 besprechen.
Ziffernschreibkurs für die Zahl 0.

→ AH 11

Zerlegungshäuser bis 5

1

2 Immer 5.

5	
🔵	🔴
1	___
___	___
___	___
___	___
___	___
___	___

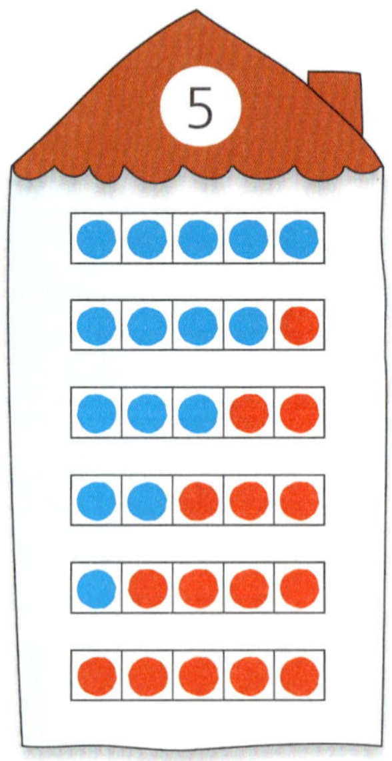

5

5 + 0
4 + ___
___ + ___
___ + ___
___ + ___
___ + ___

3

4

4 + 0
___ + ___
___ + ___
___ + ___
___ + ___

3

3 + 0
___ + ___
___ + ___
___ + ___

1 Verschiedene Ergebnisse beim Plättchenwerfen sammeln und mit Kärtchen im Zerlegungshaus einsortieren. Die Vollständigkeit der Möglichkeiten prüfen, Systematisierung erkennen. **2** Einführung des Zerlegungshauses mit geordneter Darstellung.
3 Zerlegungsaufgaben mit Plättchen legen, Zerlegungshäuser ausfüllen.

1

2

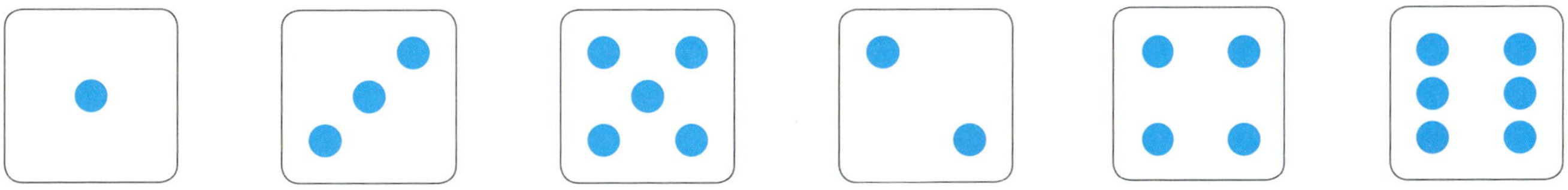

|	|||				
1					6

||	||||	|||			
2			1	6	5

1 Gelegte Plättchenmengen simultan erfassen und jeweils die Zahl zuordnen. **2** Würfelbilder, Zahlen und Strichdarstellungen einander zuordnen.
Ziffernschreibkurs für die Zahl 6.

Muster erkennen und erfinden

1

2 Wie geht es weiter?

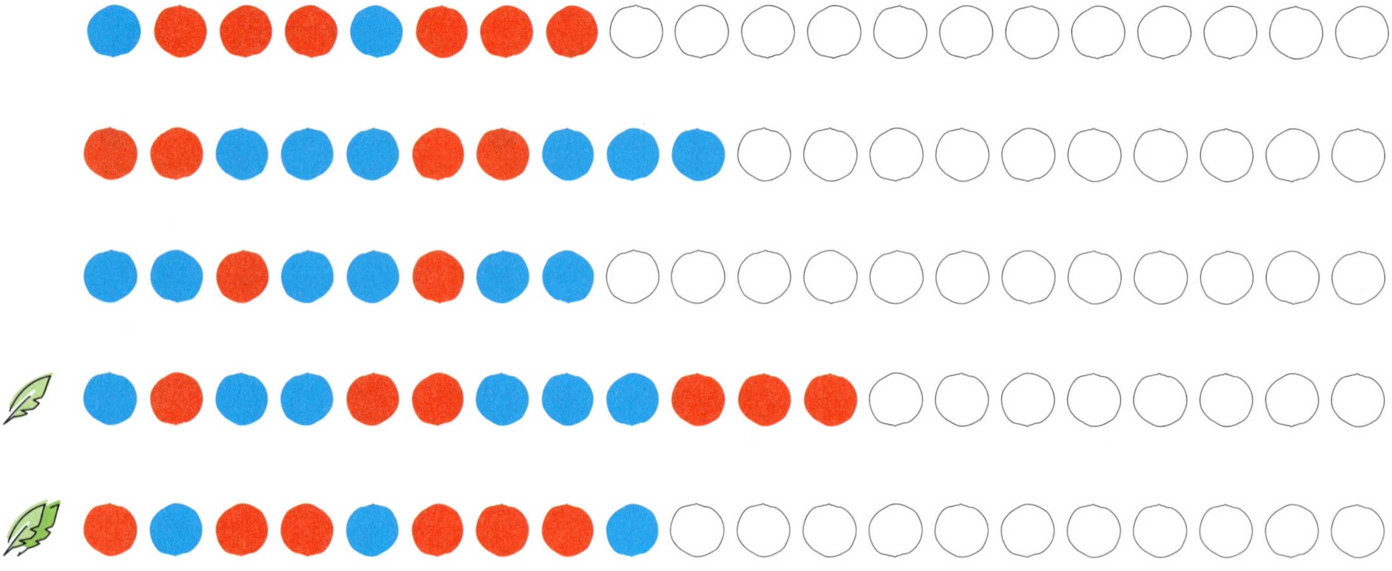

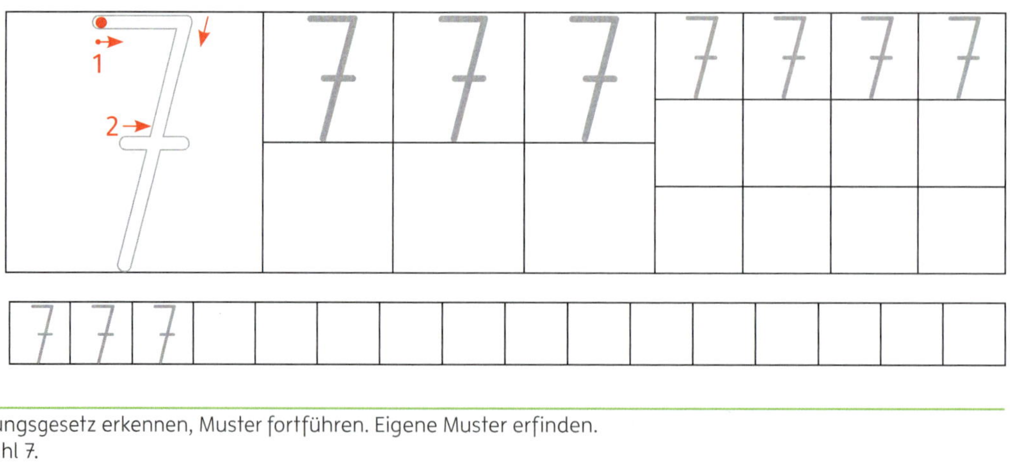

1, 2 Muster nachlegen, Bildungsgesetz erkennen, Muster fortführen. Eigene Muster erfinden.
Ziffernschreibkurs für die Zahl 7.

→ AH 13

1

2 Baue nach. Zeichne.

3 Baue eigene Würfeltiere. Zeichne sie ins Heft.

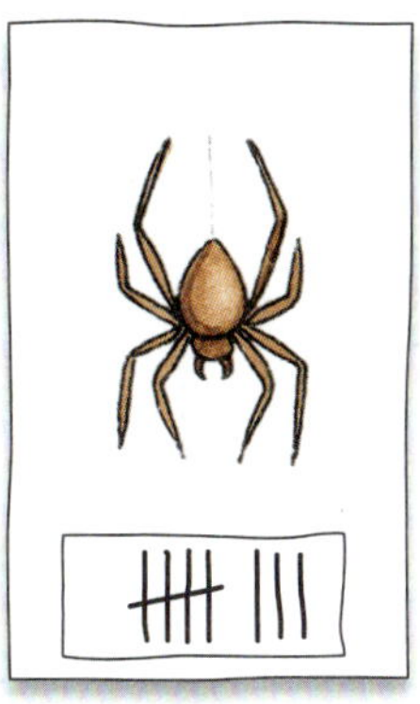

8 8 8 8 8 8 8

8 8 8

1 Aus Holzwürfeln (oder Plättchen) Tiere bauen und Anzahl der verwendeten Würfel pro Farbe bestimmen. Auf Gitterraster Baupläne der Tiere zeichnen (pro Würfel ein Kästchen). **2, 3** Anzahl der jeweils verwendeten Würfelfarben notieren. Baupläne zeichnen. Ziffernschreibkurs für die Zahl 8.

→ AH 14

Anzahlen geschickt bestimmen

1

2 Wo kannst du leicht zählen? Erkläre.

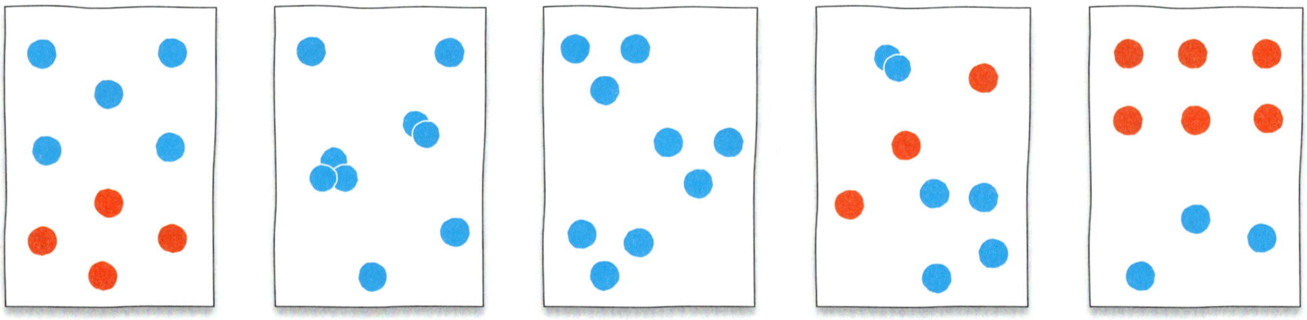

3 Lege Plättchen so, dass sie ein anderes Kind leicht zählen kann.

5 6 7

9 10 8

12 11 13

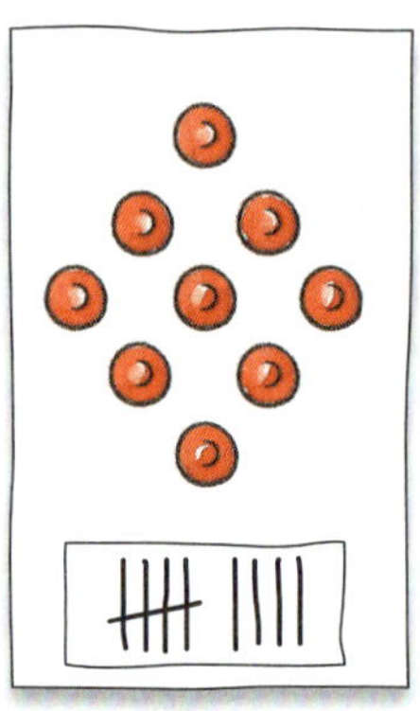

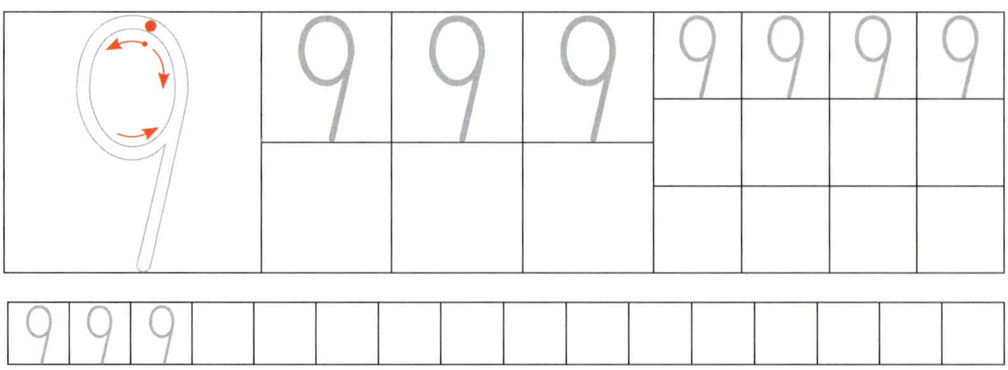

1–3 Strategien zur Anzahlbestimmung entwickeln und versprachlichen (Gruppieren von Mengen). Zehnerfeld bzw. Zwanzigerfeld (Federaufgaben) auf der Umschlagklappe nutzen.
Ziffernschreibkurs für die Zahl 9.

⟶ **AH** 15

1

2

6		
5	+	

3

6	IIII I		5 + ___
7			___ ___
8			___ ___
9			___ ___
10			___ ___

Lege auch im Zehnerfeld.

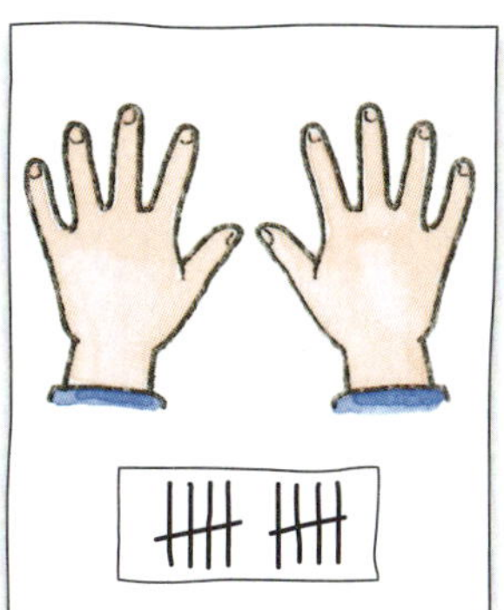

10 10 10 10

10 10

Zahlen vergleichen

1

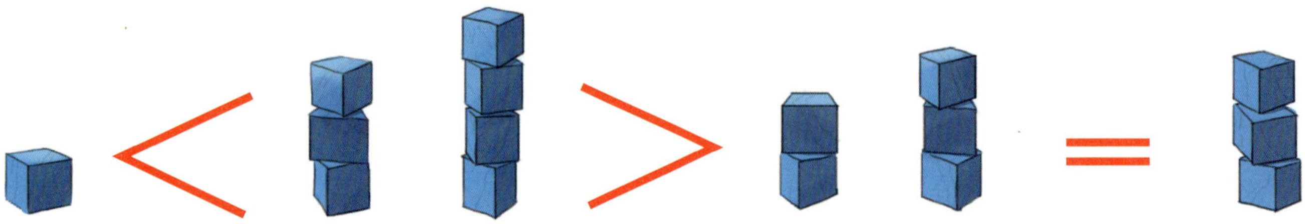

1 < 3	4 > 2	3 = 3
1 ist <leiner als 3	4 ist größer als 2	3 gleich 3

2

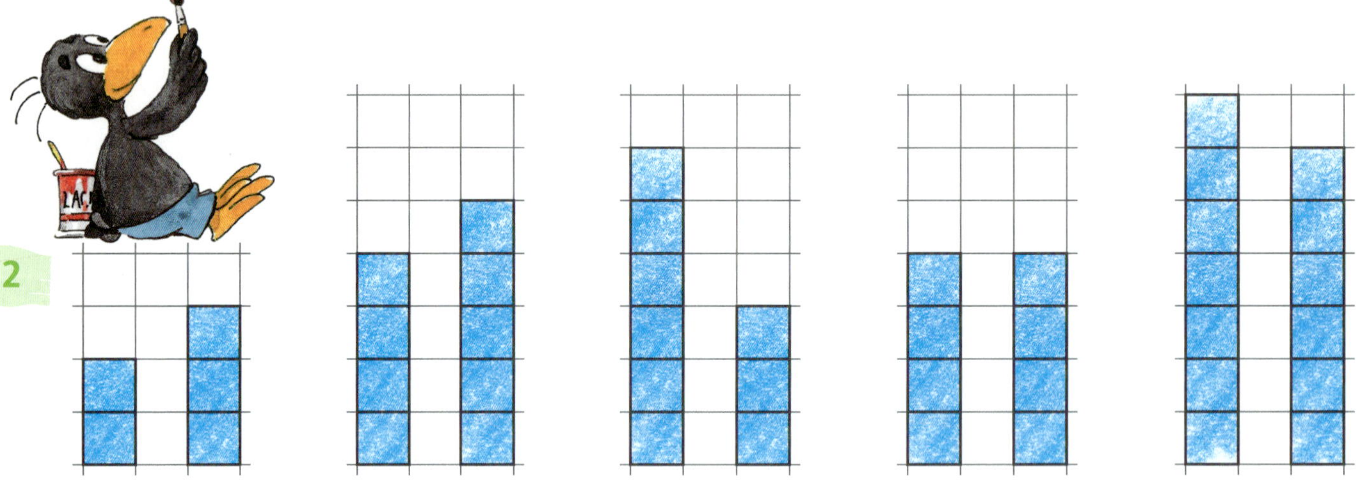

2 < 3   ___ ◯ ___   ___ ◯ ___   ___ ◯ ___   ___ ◯ ___

3

2 < 5	5 ◯ 4	1 ◯ 2	10 ◯ 5	6 ◯ 6
2 ◯ 4	5 ◯ 5	6 ◯ 3	9 ◯ 6	1 ◯ 0
2 ◯ 3	5 ◯ 6	3 ◯ 4	7 ◯ 5	0 ◯ 8
2 ◯ 2	5 ◯ 7	4 ◯ 5	8 ◯ 9	4 ◯ 10

4

3 = ___	4 = ___	8 = ___	6 = ___	10 = ___
3 < ___	4 < ___	8 < ___	6 < ___	10 < ___
3 < ___	4 < ___	8 < ___	6 < ___	10 < ___
3 > ___	4 > ___	8 > ___	6 > ___	10 > ___

1 Zahlen vergleichen. Dazu die Zeichen <, > und = einführen. **2** Türme mit Würfeln oder Plättchen, Bauklötzen ... nachbauen.

→ AH 17

1

0					5					10

2

3 Lege.

2	3	
	6	
	7	

		8
	8	
8		

	1	
		11
10		

4

Vorgänger		Nachfolger
1	2	
	3	
	4	
	5	

V		N
	8	
	7	
	1	
	6	

V		N
	9	
	2	
	5	
	3	

V		N
2		
		4
5		

V		N
		2
4		
		5

V		N
	11	
11		
		11

V		N
12		
	13	
		15

1 Die Begriffe „Vorgänger“, „Nachfolger“ und „Nachbarzahlen“ erarbeiten. Die Zahlenreihe mit Zahlenkarten legen und vervollständigen. **2, 3** Vorgänger bzw. Nachfolger ergänzen und mit Zahlenkarten legen. **4** Tabellen mit Vorgänger, Zahl und Nachfolger ergänzen. **Hörübung:** Gesuchte Zahlen zu gehörter Beschreibung finden.

→ AH 18

Ordnungszahlen

1

2

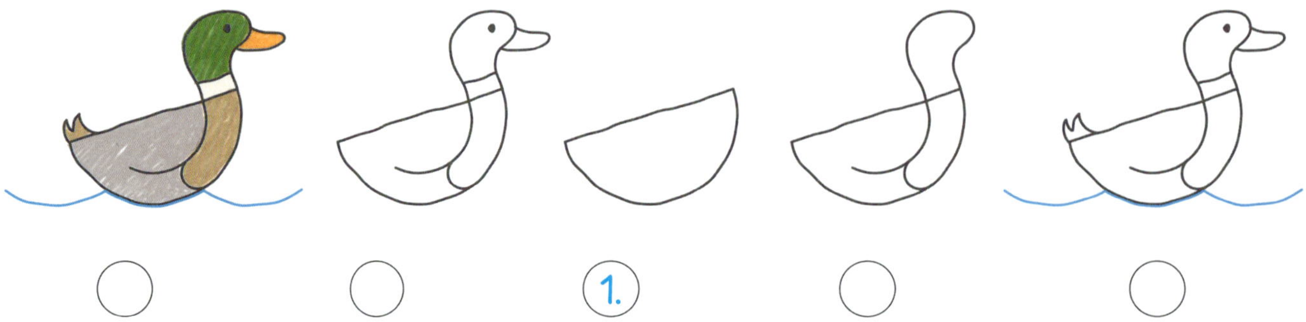

3

1 Situationen beschreiben und dabei Ordnungszahlen verwenden. Veränderungen beschreiben. Sprech- und Schreibweise von Ordnungszahlen klären. **2, 3** Reihenfolge, in der das Bild gemalt wurde, feststellen. **Hörübung:** Bilder auf KV nach Anweisung anmalen.

→ **AH** 19

1 Ordne und erzähle.

1.

2 Erzähle.

1 Die Kinder ordnen die Bilder nach der Reihenfolge und erzählen eine Geschichte zu den Bildern. **2** Die Kinder erzählen eine Geschichte zum Bild. Es gibt viele Möglichkeiten, die bekannten Zahlen anzuwenden (Ordinal- oder Kardinalzahlen).

Zerlegungshäuser bis 10

1

2 Immer 7.

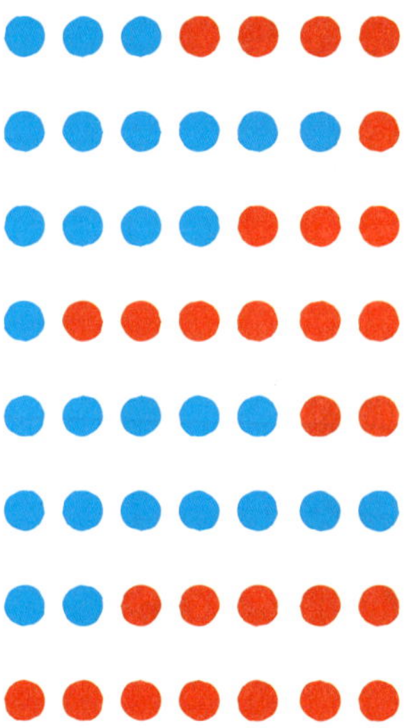

7 (blau)	7 (rot)
3	___
___	___
___	___
___	___
___	___
___	___
___	___
___	___

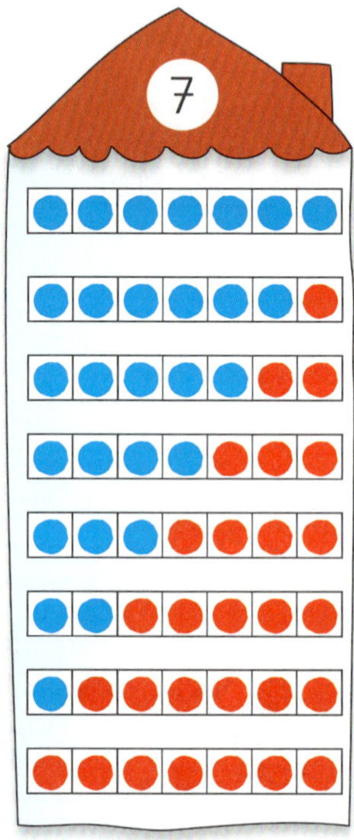

7

7 + 0
6 + ___
___ + ___
___ + ___
___ + ___
___ + ___
___ + ___
___ + ___

3

2

2 + 0
___ + ___
___ + ___

1

1 + ___
___ + ___

1 Zerlegungshaus besprechen und mit Plättchen alle Möglichkeiten nachlegen. **2 – 3** Zerlegungsaufgaben mit Plättchen legen, Zerlegungshäuser ausfüllen.

1 Lege zuerst mit Plättchen.

4

4 + 0
3 + ___
2 + ___
1 + ___
0 + ___

0

___ + ___

6

6 + ___
5 + ___
4 + ___
___ + 3
___ + 4
___ + 5
___ + ___

3

3 + ___
___ + 1
1 + ___
___ + 0

9

9 + ___
___ + 1
7 + ___
___ + 3
___ + ___
___ + ___
___ + ___
___ + ___
___ + ___
___ + ___

5

5 + ___
4 + ___
___ + ___
___ + ___
___ + ___
___ + ___

8

8 + ___
___ + 1
___ + ___
___ + ___
___ + ___
___ + ___
___ + ___
___ + ___
___ + ___

10

___ + ___
___ + ___
___ + ___
___ + ___
___ + ___
___ + ___
___ + ___
___ + ___
___ + ___
___ + ___
___ + ___

Zahlzerlegungen mit Plättchen legen und systematisch notieren.

→ AH 20

Wiederholung: Das habe ich neu gelernt!

1

|||	卌		卌 ||	||||	卌 |||
3	___	___	___	___	___
1	6	2	9	10	7

2

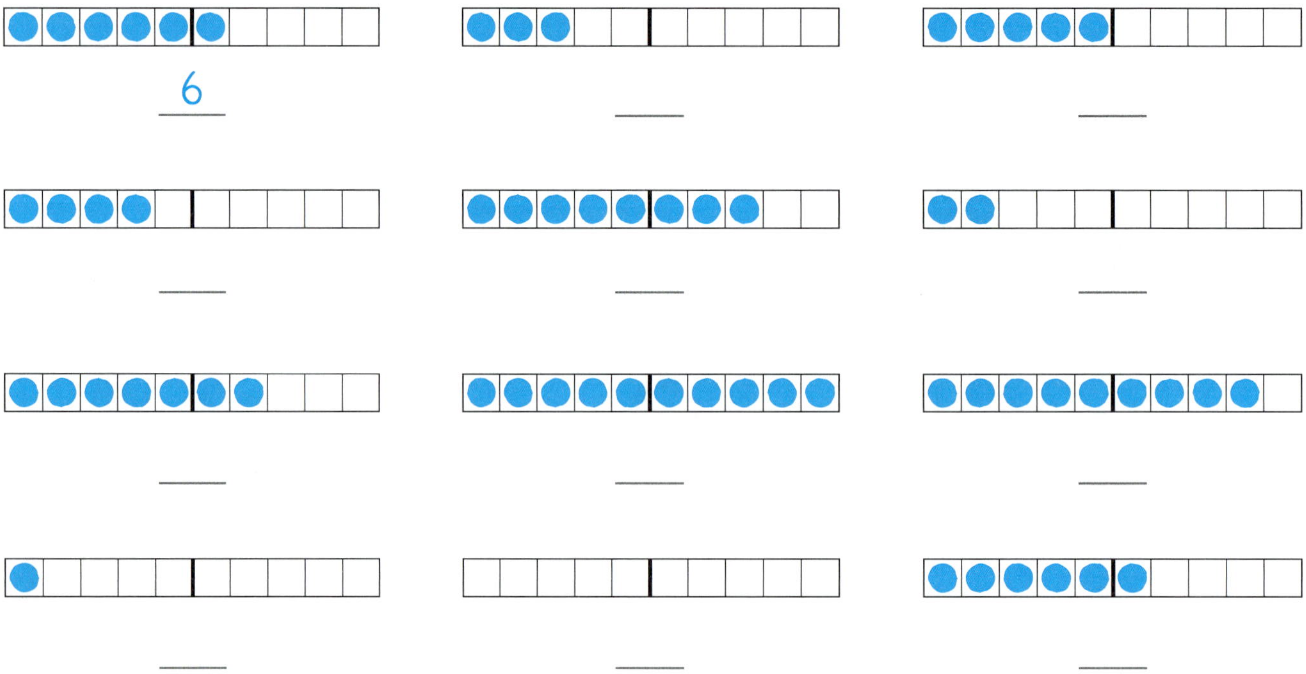

3

1 Strichdarstellungen Zahlen zuordnen und umgekehrt. **2** Anzahlen bestimmen. **3** Zahlzerlegungen notieren.

1

5 ● 7　　8 ● 4　　3 ● 9　　10 ● 0
5 ● 3　　4 ● 8　　2 ● 2　　9 ● 10
5 ● 5　　6 ● 1　　7 ● 4　　10 ● 8

5 ● 1　　1 ● 6　　8 ● 9　　5 ● 10
5 ● 9　　3 ● 3　　9 ● 6　　10 ● 1
5 ● 4　　9 ● 7　　2 ● 8　　4 ● 10

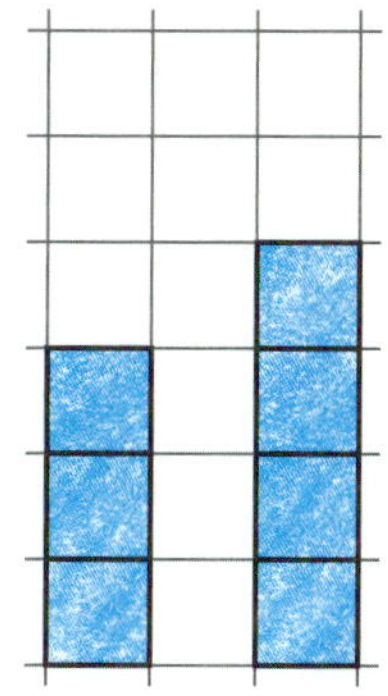

___ ● ___

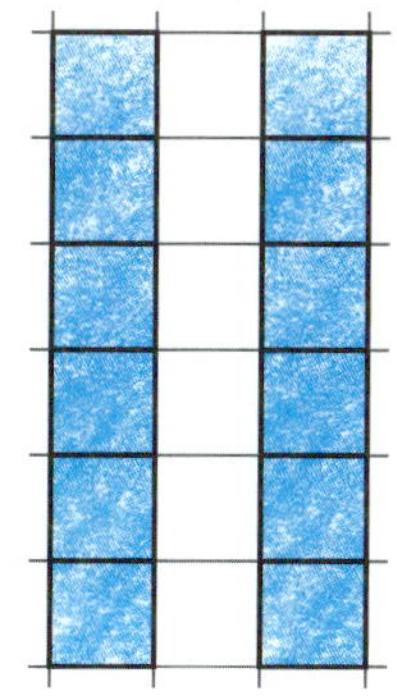

___ ● ___

2

V		N
5	6	7
	1	
	8	

V		N
	2	
	7	
	9	

V		N
		6
1		
		10

V		N
		11
10		
	14	

3

○

1.

○

○

○

4

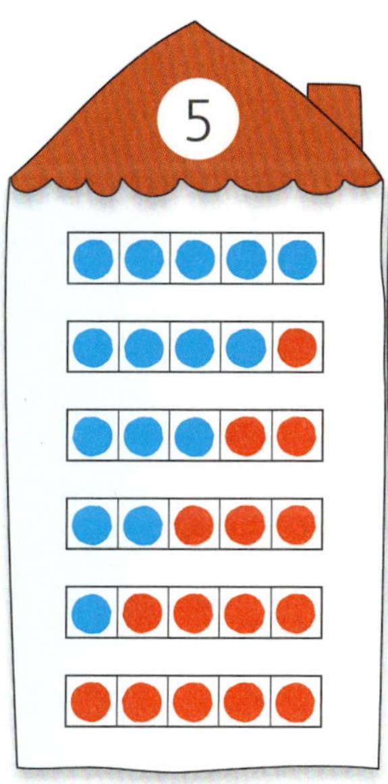

5
5 + 0
4 + ___
___ + ___
___ + ___
___ + ___
___ + ___

4
4 + 0
___ + ___
___ + ___
___ + ___
___ + ___

3
___ + ___
___ + ___
___ + ___
___ + ___

1 Zahlen vergleichen. Die Zeichen <, > und = verwenden. **2** Vorgänger und Nachfolger von Zahlen bestimmen. **3** Reihenfolge, in der das Bild gemalt wurde, feststellen. **4** Zerlegungshäuser mit Plättchen legen und ausfüllen.

→ **AH** 21

Zahlen bis 20

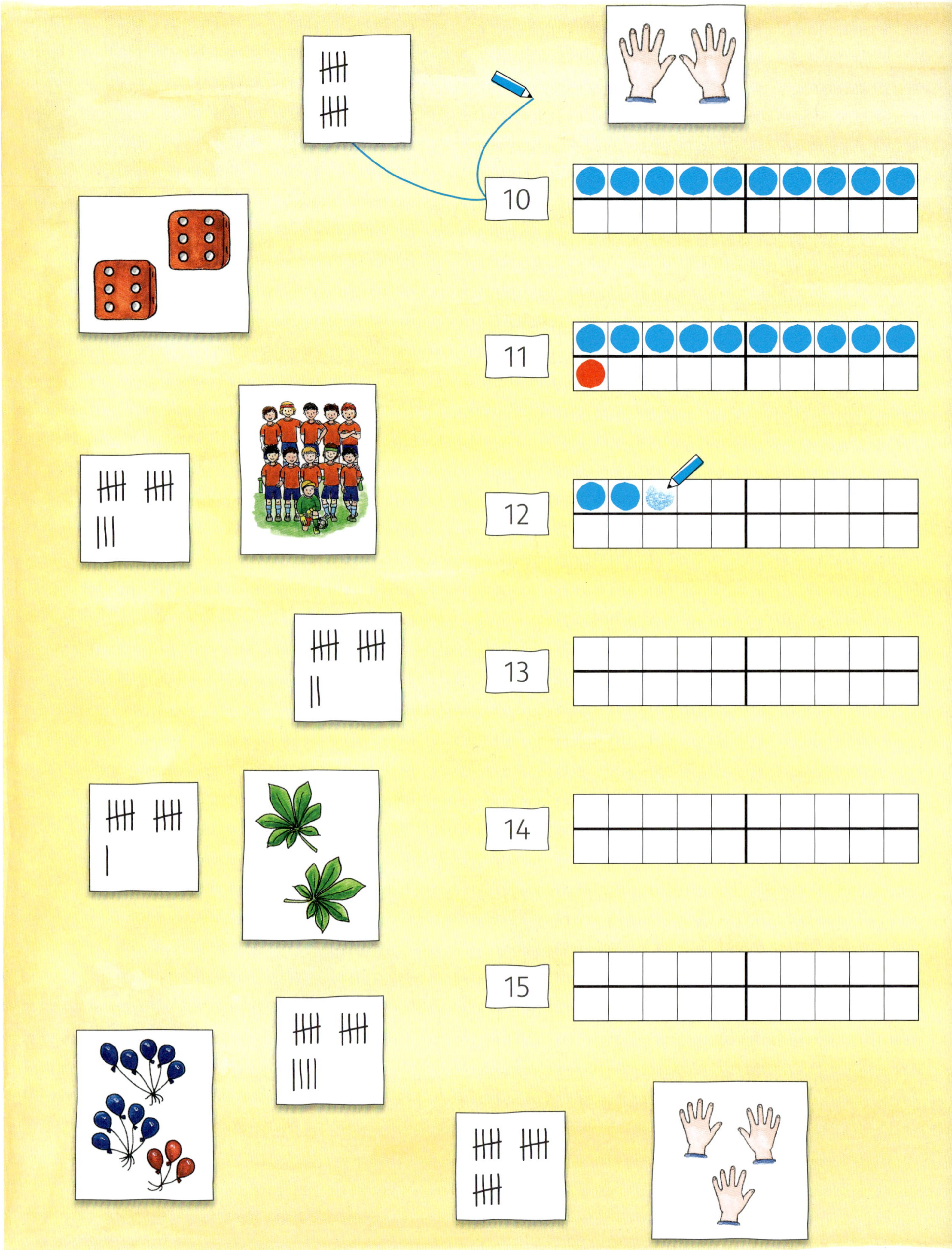

Die Zahlen von 11 bis 20 einführen. Zahlen und Darstellungen (Plättchen am Zwanzigerfeld, Strichliste, Bilder) besprechen, ergänzen und miteinander verbinden. Verschiedene Strategien zur Anzahlbestimmung nutzen, Fünferbündelung betonen.

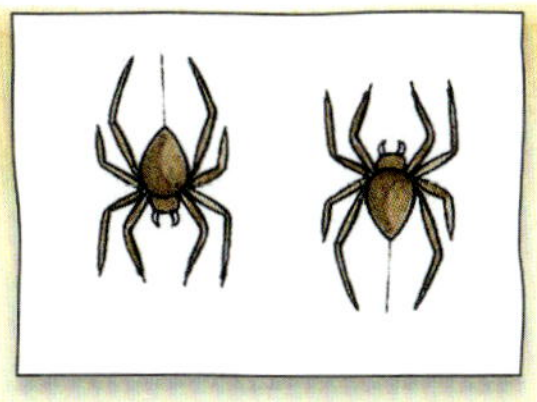

16

17

18

19

20

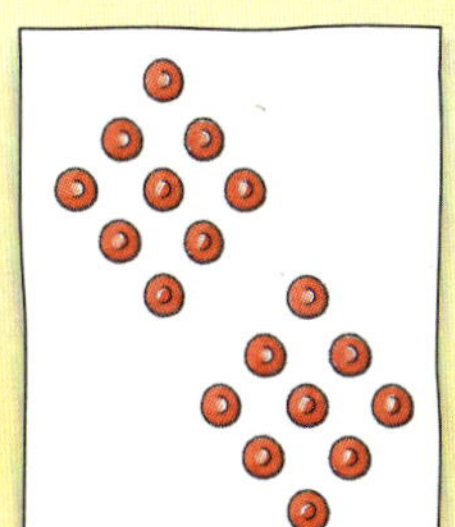

21

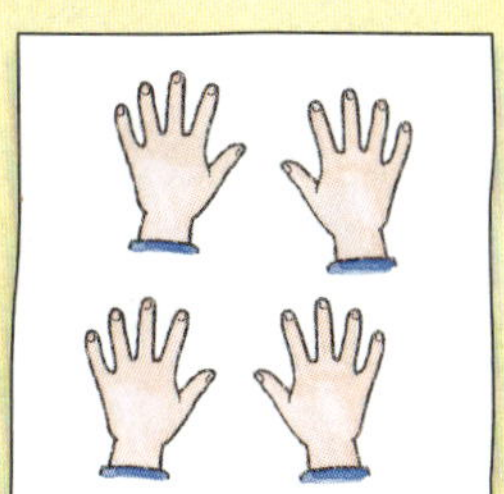

Das Zahlenspiel

Ihr braucht: 2 ⚁ 1 ●

Das Startfeld ist 10.

Jeder wählt eine Wohnung.

Würfelt abwechselnd und bewegt das Plättchen zu eurer Wohnung.

Wer zuerst seine Wohnung erreicht hat, gewinnt.

Würfelspiel: Wer bringt den Korb mit den Beeren in seine „Wohnung"? Geschichte vorlesen (Begleitband).

1

2

1				5					10
11				15					20

3

4

V		N
16	17	18
	15	
	19	
	10	

V		N
	12	
	18	
	14	
	13	

V		N
10		
		14
16		
		20

V		N
	20	
21		
	24	
25		

5 Lege und ordne nach der Größe. Beginne mit der kleinsten Zahl.

10	7	12	14	18	9	11	20

1 Bewegungsspiel: Die Kinder dürfen sich nur entsprechend der Reihenfolge der Zahlen an die Hand nehmen. Das Spiel lässt sich vielfach variieren. **2** Die Zahlenreihe bis 20 mit Zahlenkarten legen und vervollständigen. **5** Jeweils 4 Ziffernkarten nachlegen und der Größe nach ordnen. **Hörübung:** Gesuchte Zahlen zu gehörter Beschreibung finden.

→ AH 23

Plus: Es werden mehr

1

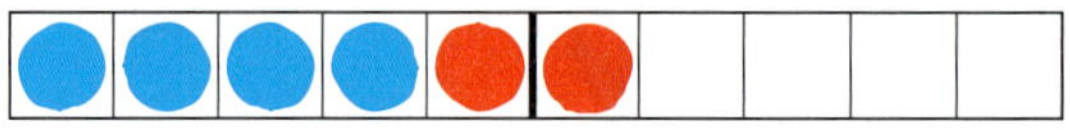

4 + 2 = 6

plus   gleich

2

2 + ___ = ___

3

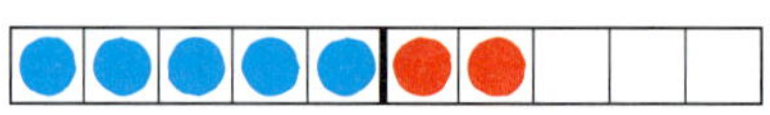

___ + ___ = ___

1–3 Rechengeschichten zu den Bildfolgen erzählen. Additionsaufgaben entnehmen. Die Sprech- und Schreibweise der Addition einführen. Aufgaben mit Plättchen nachlegen.

1

___ + ___ = ___ ___ + ___ = ___ ___ + ___ = ___

2

___ + ___ = ___ ___ + ___ = ___ ___ + ___ = ___

3

___ + ___ = ___ ___ + ___ = ___ ___ + ___ = ___

___ + ___ = ___ ___ + ___ = ___ ___ + ___ = ___

1, 2 Additionsaufgaben erkennen, Aufgaben mit Plättchen legen und einzeichnen, Aufgaben schreiben und rechnen. **3** Es können jeweils verschiedene Aufgaben gebildet werden.

→ **AH** 24

Plusaufgaben finden

1

4 + 2 = ___

___ + ___ = ___

___ + ___ = ___

___ + ___ = ___

___ + ___ = ___

___ + ___ = ___

___ + ___ = ___

___ + ___ = ___

___ + ___ = ___

2 Erzähle Rechengeschichten.

7 + 1 = ___

___ + ___ = ___

___ + ___ = ___

___ + ___ = ___

___ + ___ = ___

___ + ___ = ___

1 Additionsaufgaben im Bild finden und farbig einkreisen, Aufgaben mit Plättchen nachlegen, einzeichnen, schreiben und rechnen.
2 Additionsaufgaben der Punktedarstellung im Zehnerfeld entnehmen, Aufgaben mit Plättchen nachlegen, schreiben und rechnen. Rechengeschichten zu den Aufgaben finden.

→ **AH** 25

1

3 + 6 = ___

1 + 2 = ___

2 + 6 = ___

2 + 8 = ___

5 + 4 = ___

2 + 7 = ___

5 + 0 = ___

0 + 4 = ___

6 + 0 = ___

Null rote Plättchen?

8 + ___ = 10

7 + ___ = 7

___ + 7 = 10

___ + 5 = 9

2 Rechne und kontrolliere. Eine Zahl bleibt jeweils übrig.

Ich kontrolliere mit den grünen Zahlen.

2 + 5 = 7
9 + 1 = ___
1 + 3 = ___
4 + 0 = ___
8 + 2 = ___

4 4 ~~7~~ 7 10 10

1 + 4 = ___
1 + 1 = ___
3 + 2 = ___
7 + 2 = ___
6 + 3 = ___

2 5 5 5 9 9

1 + 5 = ___
4 + 4 = ___
3 + 0 = ___
0 + 6 = ___
3 + 5 = ___

3 6 6 8 8 8

3

4 + ___ = 5
0 + ___ = 9
0 + ___ = 7
6 + ___ = 7
1 + ___ = 8

1 1 7 7 9 9

___ + 2 = 6
___ + 7 = 9
___ + 5 = 9
___ + 1 = 9
___ + 0 = 2

2 2 4 4 8 8

4 Kontrolliere die Ergebnisse.

9 + 0 = ~~8~~	9	0 + 4 = 0	
0 + 2 = 2	✓	5 + 3 = 8	
3 + 4 = 6		3 + 1 = 4	
1 + 8 = 9		2 + 8 = 10	

1 Additionsaufgaben legen, einzeichnen und die Lösung eintragen. **2, 3** Die Additionsaufgaben lösen und mit den grünen Lösungszahlen vergleichen. Pro Päckchen bleibt eine Lösungszahl übrig. **4** Falsche Lösungen durchstreichen und korrigieren, richtige mit Haken versehen.
Hörübung: Rechnungen nach Anweisung lösen.

→ AH 26

Tauschaufgaben

1

!

2 + 4 = 6

4 + 2 = 6

Tauschaufgabe

2

3 + 5 = ___
5 + 3 = ___

1 + 6 = ___
6 + 1 = ___

2 + 7 = ___
7 + 2 = ___

3

2 + 6 = ___
___ + 2 = ___

3 + 7 = ___
___ + 3 = ___

5 + 2 = ___
___ + 5 = ___

4

2 + 8 = ___
8 + 2 = ___

3 + 4 = ___
___ + 3 = ___

1 + 7 = ___
___ + 1 = ___

4 + 5 = ___
___ + ___ = ___

0 + 3 = ___
___ + ___ = ___

1 + 8 = ___
___ + ___ = ___

5

2 | 1 — 2 + 1 = / 1 + 2 =

2 | 3

7 | 0

6 | 4

5 | 6

1 Situation von links und rechts betrachten. Aufgabe und Tauschaufgabe erfassen. **2, 3** Aufgabe und Tauschaufgabe legen, zeichnen und ausrechnen. **4** Aufgabe und Tauschaufgabe ausrechnen. **5** Zu den Zahlen Aufgaben und Tauschaufgaben im Heft notieren und ausrechnen.

→ **AH** 27

1

2

3+1	4+6	0+6	8+2	1+1
3+2	4+5	1+6	7+2	2+2
3+3	4+4	2+6	6+2	3+3
3+4	4+3	3+6	5+2	4+4

3

4+6	8+1	2+0	1+3
5+5	7+2	2+2	3+3
6+4	6+3	2+4	5+3
7+3	5+4	2+6	7+3

4

6+1	0+5	5+ __	__ +4	__ + __

Das Übungsformat der „Aufgabenrolle“ einführen: evtl. legen, rechnen, entdecken und fortführen. Aufgaben im Heft lösen. Die Beispiele der Kinder bei Aufgabe **1** sind Vorbild für die Heftführung.

→ **AH** 28

Verdoppeln mit den Fingern

1

2+2=4 4+4=8

2 Verdopple und male an.

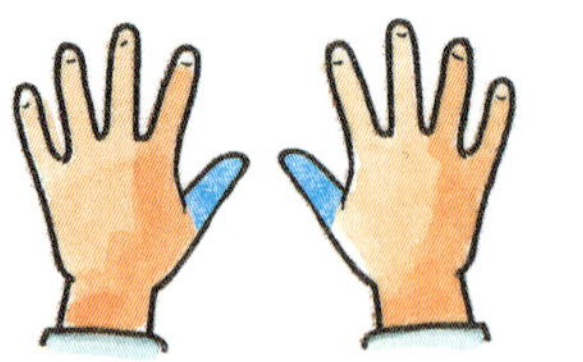

1 + 1 = ___

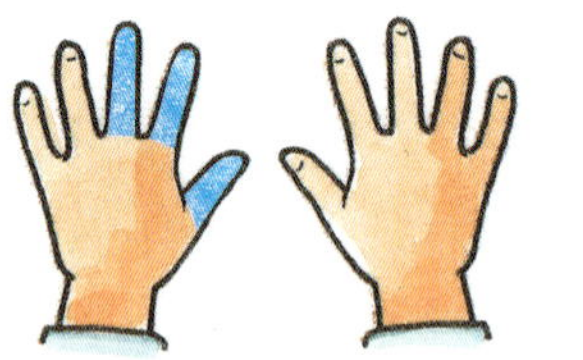

3 + ___ = ___

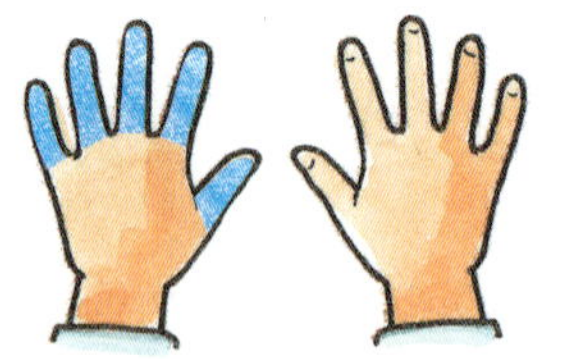

___ + ___ = ___

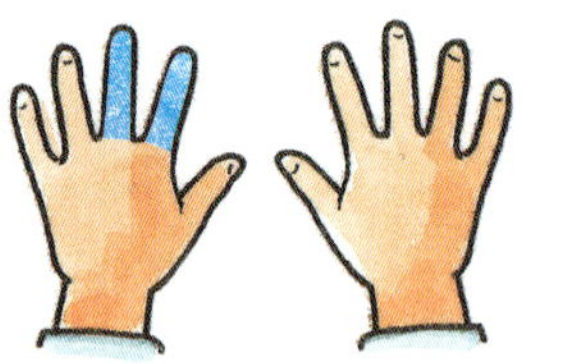

___ + ___ = ___

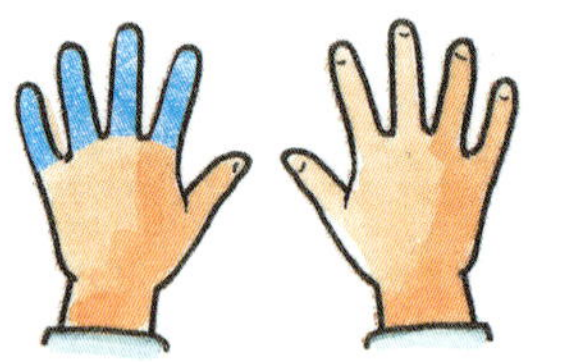

___ + ___ = ___

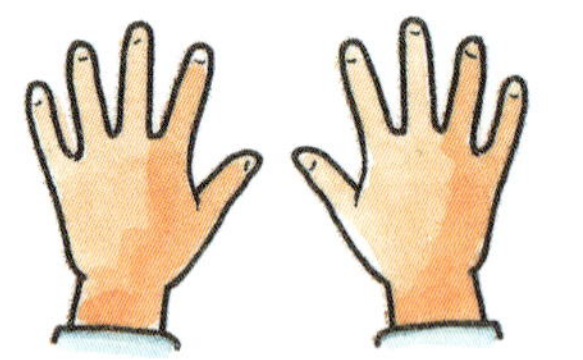

___ + ___ = ___

3 Verdopple mit deinen Fingern.

2+2= ___ 3+3= ___ 5+5= ___

1+1= ___ 0+0= ___ 4+4= ___

4 Kreise Verdopplungen ein:

2+2 (eingekreist) 5+4 1+1 1+2 2+3 2+2 3+3 4+3 3+2 5+5 4+4 3+4 1+5

1 Zum Bild erzählen und nachmachen. **2** Finger symmetrisch anmalen und Verdopplungsaufgaben lösen. Bei der letzten Aufgabe ist kein Finger angemalt. **3** Verdopplungsaufgaben lösen. **4** Verdopplungen einkreisen.

→ **AH** 29

1 Rechne und male die Felder an.

0+0	0+1	0+2	0+3	0+4	0+5	0+6	0+7	0+8	0+9	0+10
1+0	1+1	1+2	1+3	1+4	1+5	1+6	1+7	1+8	1+9	1+10
2+0	2+1	2+2	2+3	2+4	2+5	2+6	2+7	2+8	2+9	2+10
3+0	3+1	3+2	3+3	3+4	3+5	3+6	3+7	3+8	3+9	3+10
4+0	4+1	4+2	4+3	4+4	4+5	4+6	4+7	4+8	4+9	4+10
5+0	5+1	5+2	5+3	5+4	5+5	5+6	5+7	5+8	5+9	5+10
6+0	6+1	6+2	6+3	6+4	6+5	6+6	6+7	6+8	6+9	6+10
7+0	7+1	7+2	7+3	7+4	7+5	7+6	7+7	7+8	7+9	7+10
8+0	8+1	8+2	8+3	8+4	8+5	8+6	8+7	8+8	8+9	8+10
9+0	9+1	9+2	9+3	9+4	9+5	9+6	9+7	9+8	9+9	9+10
10+0	10+1	10+2	10+3	10+4	10+5	10+6	10+7	10+8	10+9	10+10

(orange)
0 + 0 = ___ 3 + 3 = ___
1 + 1 = ___ 2 + 2 = ___
5 + 5 = ___ 4 + 4 = ___

(blue)
7 + 3 = ___ 8 + 2 = ___
6 + 4 = ___ 10 + 0 = ___
1 + 9 = ___ 9 + 1 = ___
3 + 7 = ___ 4 + 6 = ___
2 + 8 = ___ 0 + 10 = ___

(green)
3 + 0 = ___ 0 + 2 = ___
1 + 0 = ___ 0 + 5 = ___ 6 + 0 = ___ 0 + 7 = ___
5 + 0 = ___ 0 + 4 = ___ 8 + 0 = ___ 0 + 9 = ___
2 + 0 = ___ 0 + 1 = ___ 9 + 0 = ___ 0 + 6 = ___
4 + 0 = ___ 0 + 3 = ___ 7 + 0 = ___ 0 + 8 = ___

2 Rechne auch die Tauschaufgabe. Male an.

(yellow)
4 + 2 = ___ 5 + 1 = ___ 5 + 2 = ___ 7 + 2 = ___
2 + 4 = ___

3 + 1 = ___ 6 + 3 = ___ 6 + 1 = ___ 8 + 1 = ___

6 + 2 = ___ 7 + 1 = ___ 5 + 3 = ___ 4 + 1 = ___

4 + 3 = ___ 2 + 1 = ___ 3 + 2 = ___ 5 + 4 = ___

3 Was bedeuten die Farben? Verbinde.

(orange) (blue) (green) (yellow)

Ergebnis 10 | verdoppeln | Aufgaben mit 0 | restliche Aufgaben

1–2 Aufgaben lösen und in der 1 + 1 Tafel entsprechend der Vorgabe einfärben. **3** Farbsystematik der 1 + 1 Tafel erkennen und entsprechend verbinden.

→ **AH** 30

Plusaufgaben üben – ergänzen

1 Ergänze und kontrolliere. Eine Zahl bleibt jeweils übrig.

4 + ___ = 7
5 + ___ = 6
2 + ___ = 7
6 + ___ = 9
1 1 3 3 5

4 + ___ = 6
6 + ___ = 10
0 + ___ = 6
2 + ___ = 6
2 4 4 6 6

1 + ___ = 5
0 + ___ = 7
2 + ___ = 5
1 + ___ = 8
3 4 4 7 7

3 + ___ = 6
4 + ___ = 9
1 + ___ = 9
5 + ___ = 8
3 3 5 5 8

0 + ___ = 4
1 + ___ = 8
1 + ___ = 3
2 + ___ = 9
2 2 4 7 7

4 + ___ = 9
1 + ___ = 10
6 + ___ = 9
7 + ___ = 10
3 3 5 5 9

2 Rechne und kontrolliere. Eine Zahl bleibt jeweils übrig.

3 + 3 + 2 = ___
6 + 2 + 2 = ___
3 + 2 + 1 = ___
5 + 3 + 2 = ___
6 8 8 10 10

3 + 6 + 0 = ___
2 + 3 + 4 = ___
2 + 1 + 2 = ___
1 + 4 + 2 = ___
5 5 7 9 9

7 + 1 + 0 = ___
2 + 2 + 2 = ___
1 + 0 + 3 = ___
1 + 4 + 1 = ___
4 6 6 8 8

3 + 3 + 3 = ___
3 + 1 + 3 = ___
0 + 2 + 3 = ___
5 5 7 9

1 + 4 + ___ = 9
4 + 2 + ___ = 8
2 + 1 + ___ = 9
2 2 4 6

0 + 1 + ___ = 6
1 + 2 + ___ = 8
2 + 1 + ___ = 10
1 5 5 7

3 **Das Plus-Spiel**

Ihr braucht: 2 Würfel, 11 rote Plättchen, 11 blaue Plättchen

Würfle. Bilde eine Plusaufgabe.
Decke das Ergebnisfeld mit deiner Farbe ab.
Ist das Feld schon mit der anderen Farbe belegt, drehe das Plättchen um.
Wer hat am Ende mehr Felder abgedeckt?

2 3 4 5
6 7 8 9
10 11 12

1 Ergänzungsaufgaben lösen. Als Hilfe mit Plättchen nachlegen. **2** Additionsaufgaben mit 3 Summanden lösen. **3** Kinder spielen mit Wendeplättchen das Plus-Spiel. Als Hilfe die Ergebnisse 6 + 5 = 11, 5 + 6 = 11 und 6 + 6 = 12 angeben.

→ AH 31

1

1 Meter = 1 m

2 Kreise ein: länger als 1 Meter kürzer als 1 Meter

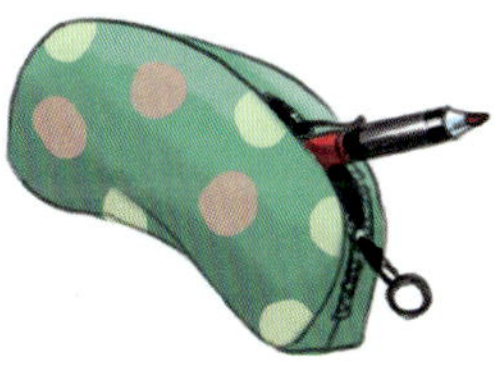
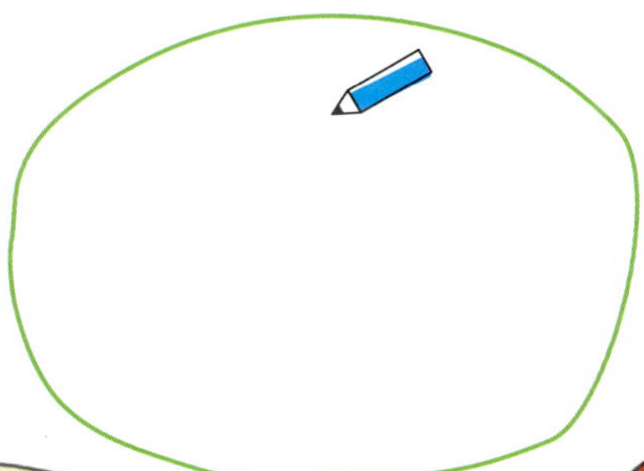
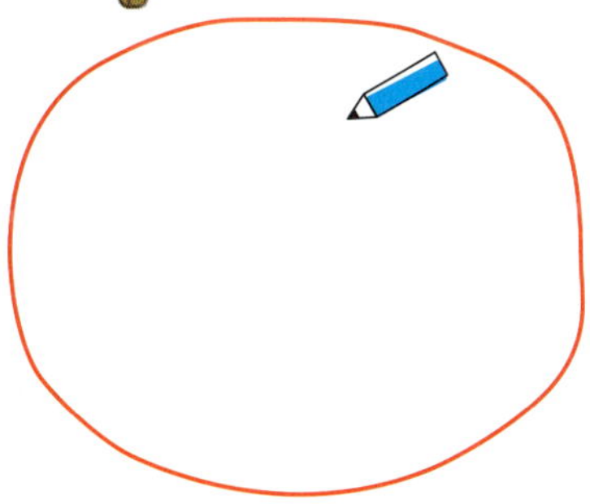
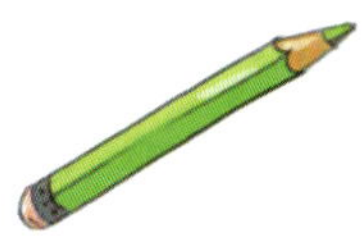

3 Die Klasse ist ungefähr ___ Meter lang.

Die Klasse ist ungefähr ___ Meter breit.

Der Gang ist ungefähr ___ Meter lang.

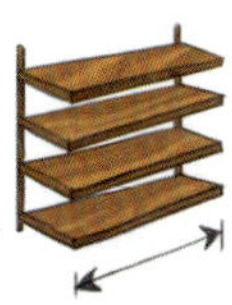
___ m lang

___ m lang

1 Meterstab einführen und mit Größe eines Kindes bzw. Trax vergleichen. **2** Tatsächliche Längen der Gegenstände abschätzen. Selbst Gegenstände finden und zeichnen. **3** Praktisches Abmessen in der Klasse bzw. im Schulgebäude.

→ AH 32

Minus: Es werden weniger

1

6 – 2 = 4

minus gleich

2

7 – ___ = ___

3

___ – ___ = ___

1–3 Subtraktionsaufgaben den Bildfolgen entnehmen. Die Sprech- und Schreibweise der Subtraktion einführen. Aufgaben mit Plättchen nachlegen. Beim Legen werden die hier durchgestrichenen Plättchen weggeschoben.

1

___ – ___ = ___

___ – ___ = ___

___ – ___ = ___

2

___ – ___ = ___

___ – ___ = ___

___ – ___ = ___

3

___ – ___ = ___

___ – ___ = ___

___ – ___ = ___

___ – ___ = ___

___ – ___ = ___

___ – ___ = ___

1, 2 Subtraktionsaufgaben erkennen, Aufgaben mit Plättchen legen und einzeichnen, Aufgaben schreiben und rechnen. **3** Es können jeweils verschiedene Aufgaben gebildet werden.

→ **AH** 33

Minusaufgaben finden

1

7 – 5 = ___

___ – ___ = ___

___ – ___ = ___

___ – ___ = ___

___ – ___ = ___

___ – ___ = ___

___ – ___ = ___

___ – ___ = ___

___ – ___ = ___

2 Erzähle Rechengeschichten.

3 – 2 = ___

___ – ___ = ___

___ – ___ = ___

___ – ___ = ___

___ – ___ = ___

___ – ___ = ___

1 Subtraktionsaufgaben im Bild finden und farbig einkreisen, Aufgaben mit Plättchen nachlegen, einzeichnen, schreiben und rechnen.
2 Subtraktionsaufgaben der Punktedarstellung im Zehnerfeld entnehmen, Aufgaben mit Plättchen nachlegen, schreiben und rechnen. Rechengeschichten zu den Aufgaben erfinden.

→ **AH** 34

1

5 − 4 = ___ 10 − 7 = ___ 5 − 1 = ___

8 − 5 = ___ 4 − 3 = ___ 5 − 5 = ___

2 − 0 = ___ 10 − 10 = ___ 10 − 0 = ___

5 − ___ = 2 10 − ___ = 2

10 − ___ = 9 6 − ___ = 4

2 Rechne und kontrolliere. Eine Zahl bleibt jeweils übrig.

8 − 6 = 2	6 − 0 = ___	7 − 2 = ___
6 − 1 = ___	3 − 3 = ___	8 − 1 = ___
9 − 1 = ___	10 − 6 = ___	7 − 0 = ___
9 − 7 = ___	7 − 7 = ___	10 − 9 = ___
5 − 0 = ___	4 − 0 = ___	6 − 5 = ___
~~2~~ 2 5 5 8 8	0 0 0 4 4 6	1 1 5 5 7 7

3

4 − ___ = 2	6 − ___ = 0
9 − ___ = 5	7 − ___ = 1
7 − ___ = 3	7 − ___ = 4
8 − ___ = 1	4 − ___ = 1
2 − ___ = 0	9 − ___ = 9
2 2 2 4 4 7	0 0 3 3 6 6

4 Kontrolliere die Ergebnisse.

5 − 2 = 3	✓	10 − 5 = 5	
8 − 0 = ~~0~~	8	8 − 8 = 0	
3 − 0 = 0		6 − 4 = 10	
8 − 2 = 6		6 − 6 = 6	

1 Subtraktionsaufgaben legen, einzeichnen und die Lösung eintragen. **2, 3** Die Subtraktionsaufgaben lösen und mit den grünen Lösungszahlen kontrollieren. Pro Päckchen bleibt eine Lösungszahl übrig. **4** Falsche Lösungen durchstreichen und korrigieren, richtige mit Haken versehen. **Hörübung:** Rechnungen nach Anweisung lösen.

Aufgabenrollen

1

2

10 − 8	8 − 7	3 − 3	10 − 4
10 − 7	8 − 6	4 − 3	9 − 4
10 − 6	8 − 5	5 − 3	8 − 4
10 − 5	8 − 4	6 − 3	7 − 4

3

4 − 1	10 − 7	10 − 0	10 − 2	9 − 0
5 − 2	9 − 6	9 − 1	10 − 3	8 − 0
6 − 3	8 − 5	8 − 2	9 − 2	9 − 1
7 − 4	7 − 4	7 − 3	9 − 3	8 − 1

4

6 − 1	5 − 0	3 − __	__ − 2	__ − __

„Aufgabenrollen" für die Subtraktion bearbeiten: legen, rechnen, entdecken und fortführen. Aufgaben im Heft lösen.

→ AH 36

1

4 + 2 = 6

6 − 2 = 4

Umkehraufgabe

2

5 + 3 = ___	4 + 5 = ___	2 + 5 = ___
___ − 3 = 5	___ − 5 = 4	___ − 5 = 2

3

3 + 2 = ___	2 + 6 = ___	2 + 7 = ___
___ − 2 = 3	___ − 6 = 2	___ − 7 = 2

4

6 + 2 = ___	6 + 3 = ___	4 + 3 = ___
___ − 2 = 6	___ − ___ = ___	___ − ___ = ___
7 + 2 = ___	3 + 5 = ___	6 + 4 = ___
___ − 2 = ___	___ − ___ = ___	___ − ___ = ___

5

5	5 + 3 =	3	5	1	4	7
3	8 − 3 =	2	0	8	3	9

1 Erzählen, nachspielen, Aufgabe und Umkehraufgabe erfassen. **2, 3** Aufgabe und Umkehraufgabe legen, zeichnen und ausrechnen. **4** Aufgabe und Umkehraufgabe ausrechnen. **5** Zu den Zahlen Aufgaben und Umkehraufgaben im Heft notieren und ausrechnen.

→ AH 37

Einsminuseins-Tafel

1 Rechne und male die Felder an:

0 – 0	1 – 1	2 – 2	3 – 3	4 – 4	5 – 5	6 – 6	7 – 7	8 – 8	9 – 9	10 – 10
1 – 0	2 – 1	3 – 2	4 – 3	5 – 4	6 – 5	7 – 6	8 – 7	9 – 8	10 – 9	11 – 10
2 – 0	3 – 1	4 – 2	5 – 3	6 – 4	7 – 5	8 – 6	9 – 7	10 – 8	11 – 9	12 – 10
3 – 0	4 – 1	5 – 2	6 – 3	7 – 4	8 – 5	9 – 6	10 – 7	11 – 8	12 – 9	13 – 10
4 – 0	5 – 1	6 – 2	7 – 3	8 – 4	9 – 5	10 – 6	11 – 7	12 – 8	13 – 9	14 – 10
5 – 0	6 – 1	7 – 2	8 – 3	9 – 4	10 – 5	11 – 6	12 – 7	13 – 8	14 – 9	15 – 10
6 – 0	7 – 1	8 – 2	9 – 3	10 – 4	11 – 5	12 – 6	13 – 7	14 – 8	15 – 9	16 – 10
7 – 0	8 – 1	9 – 2	10 – 3	11 – 4	12 – 5	13 – 6	14 – 7	15 – 8	16 – 9	17 – 10
8 – 0	9 – 1	10 – 2	11 – 3	12 – 4	13 – 5	14 – 6	15 – 7	16 – 8	17 – 9	18 – 10
9 – 0	10 – 1	11 – 2	12 – 3	13 – 4	14 – 5	15 – 6	16 – 7	17 – 8	18 – 9	19 – 10
10 – 0	11 – 1	12 – 2	13 – 3	14 – 4	15 – 5	16 – 6	17 – 7	18 – 8	19 – 9	20 – 10

0 – 0 = ___ 6 – 3 = ___
2 – 1 = ___ 4 – 2 = ___
10 – 5 = ___ 8 – 4 = ___

10 – 3 = ___ 10 – 2 = ___
10 – 4 = ___ 10 – 0 = ___
10 – 9 = ___ 10 – 1 = ___
10 – 7 = ___ 10 – 6 = ___
10 – 8 = ___ 10 – 10 = ___

3 – 0 = ___ 2 – 2 = ___
1 – 0 = ___ 5 – 5 = ___ 6 – 0 = ___ 7 – 7 = ___
5 – 0 = ___ 4 – 4 = ___ 8 – 0 = ___ 9 – 9 = ___
2 – 0 = ___ 1 – 1 = ___ 9 – 0 = ___ 6 – 6 = ___
4 – 0 = ___ 3 – 3 = ___ 7 – 0 = ___ 8 – 8 = ___

6 – 2 = ___ 6 – 1 = ___ 7 – 2 = ___ 9 – 2 = ___
6 – 4 = ___ 6 – 5 = ___ 7 – 5 = ___ 9 – 7 = ___

4 – 1 = ___ 9 – 3 = ___ 7 – 1 = ___ 9 – 1 = ___
4 – 3 = ___ 9 – 6 = ___ 7 – 6 = ___ 9 – 8 = ___

8 – 2 = ___ 8 – 1 = ___ 8 – 3 = ___ 5 – 1 = ___
8 – 6 = ___ 8 – 7 = ___ 8 – 5 = ___ 5 – 4 = ___

7 – 3 = ___ 3 – 1 = ___ 5 – 2 = ___ 9 – 4 = ___
7 – 4 = ___ 3 – 2 = ___ 5 – 3 = ___ 9 – 5 = ___

2 Was bedeuten die Farben? Verbinde.

Aufgaben 10 – ___ | halbieren | Aufgaben mit 0 | restliche Aufgaben

1 Aufgaben lösen und in der Einsminuseins-Tafel entsprechend der Vorgabe einfärben. **2** Farbsystematik der Einsminuseins-Tafel erkennen und entsprechend verbinden.
Aufgabenbeschreibung

1 Rechne und kontrolliere. Eine Zahl bleibt jeweils übrig.

5 − ___ = 2
4 − ___ = 3
6 − ___ = 1
5 − ___ = 4
1 1 3 3 5

8 − ___ = 3
7 − ___ = 5
3 − ___ = 1
6 − ___ = 2
2 2 4 5 5

6 − ___ = 3
5 − ___ = 0
9 − ___ = 2
8 − ___ = 3
3 5 5 7 7

9 − ___ = 7
10 − ___ = 4
7 − ___ = 1
10 − ___ = 2
2 2 6 6 8

9 − ___ = 5
8 − ___ = 8
8 − ___ = 4
0 − ___ = 0
0 0 4 4 7

8 − ___ = 1
7 − ___ = 0
4 − ___ = 1
9 − ___ = 6
3 3 5 7 7

2 Rechne und kontrolliere. Eine Zahl bleibt jeweils übrig.

8 − 3 − 2 = ___
6 − 4 − 1 = ___
9 − 3 − 3 = ___
7 − 4 − 2 = ___
1 1 3 3 5

10 − 2 − 4 = ___
7 − 3 − 0 = ___
5 − 2 − 3 = ___
6 − 0 − 6 = ___
0 0 2 4 4

10 − 2 − 2 = ___
7 − 1 − 4 = ___
9 − 0 − 7 = ___
9 − 2 − 1 = ___
2 2 3 6 6

8 − 2 − 1 = ___
7 − 4 − 3 = ___
9 − 2 − 4 = ___
9 − 0 − 4 = ___
0 3 3 5 5

1 + 1 + 1 − 1 − 1 + 1 = ___
2 + 2 − 2 + 2 − 2 + 2 − 2 = ___
3 + 2 + 1 − 3 = ___
4 + 6 − 4 − 6 = ___
0 2 2 3 3

3 **Das Minus-Spiel**

Ihr braucht: 2 Würfel, 6 rote Plättchen, 6 blaue Plättchen

Würfle. Bilde eine Minusaufgabe.
Decke das Ergebnisfeld mit deiner Farbe ab.
Ist das Feld schon mit der anderen Farbe belegt, drehe das Plättchen um.
Wer hat am Ende mehr Felder abgedeckt?

0 1 2
3 4
5

1 Platzhalteraufgaben lösen. Als Hilfe mit Plättchen nachlegen. **2** Subtraktionsaufgaben mit 2 und mehr Subtrahenden lösen. **3** Kinder spielen mit Wendeplättchen das Minus-Spiel.

1 Kontrolliere die Ergebnisse.

5 + 1 = ~~5~~ [6]	2 + 5 = 8 [ ]	5 + 3 + 2 = 10 [ ]
5 + 2 = 7 [✓]	4 + 4 = 7 [ ]	3 + 4 + 2 = 5 [ ]
5 + 3 = 7 [ ]	6 + 3 = 9 [ ]	1 + 5 + 2 = 8 [ ]
5 + 4 = 9 [ ]	8 + 2 = 10 [ ]	3 + 7 + 0 = 0 [ ]

2 Richtig oder falsch? Kreise ein.

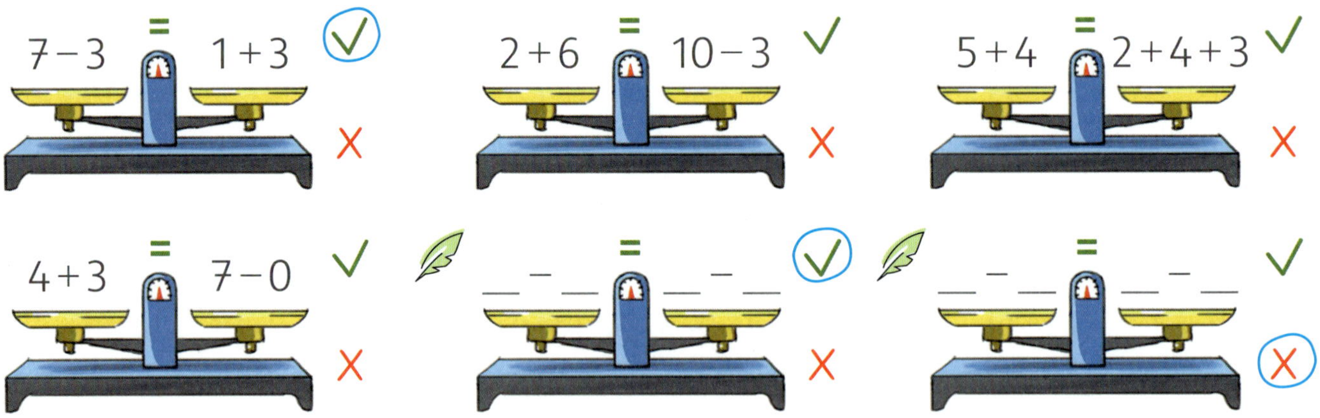

3

6 + 0	10 − 1	1 + ___ = 4
6 + 1	10 − 2	2 + ___ = 5
6 + 2	10 − 3	3 + ___ = 6
6 + 3	10 − 4	4 + ___ = 7

4 Setze die Muster fort.

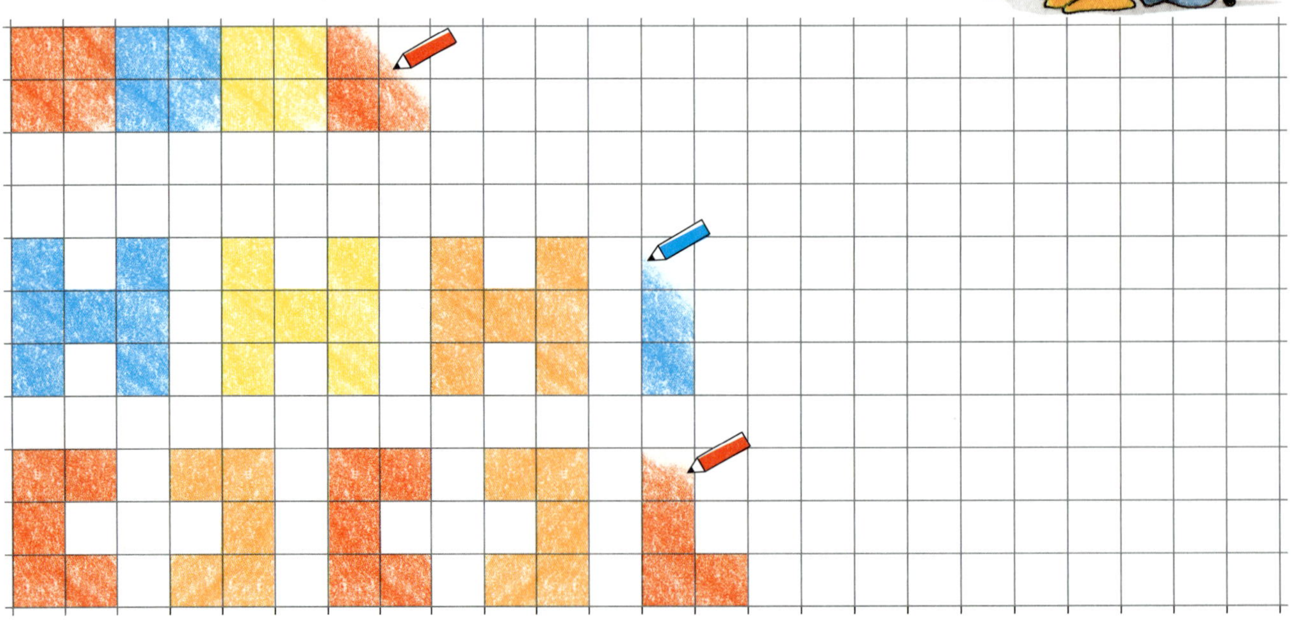

1 – 2 Aufgabenformat „richtig/falsch" besprechen. **3** Aufgabenrollen rechnen und ggf. fortsetzen. **4** Muster mit Buntstiften fortsetzen.

1

2

Oben	Links	Rechts
	6	2
	4	3
	5	5
	8	0
	1	9
	3	6
	2	7
	0	10
	4	5
	5	6

3

Oben	Links	Rechts
6	1	
7	3	
10	6	
9	5	
15	12	
4		3
6		2
8		4
9		3
16		11

4 Wie viele Rechenmauern könnt ihr aus diesen Steinen bauen?

Oben	Links	Rechts
10	8	2

Es gibt 10 Lösungen.

Informationen entnehmen

1

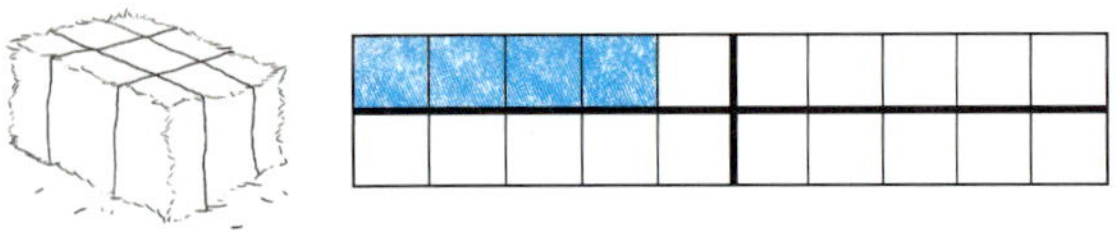

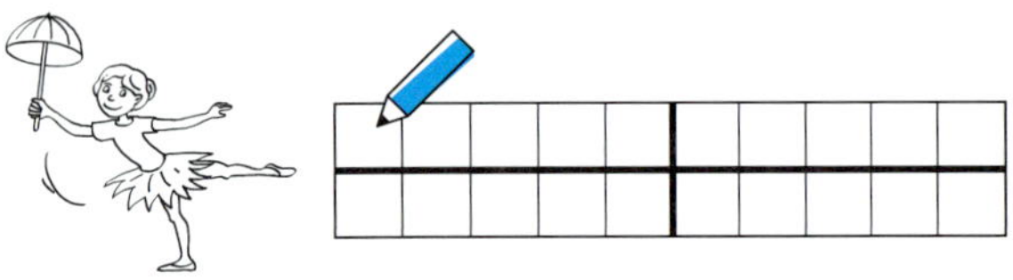

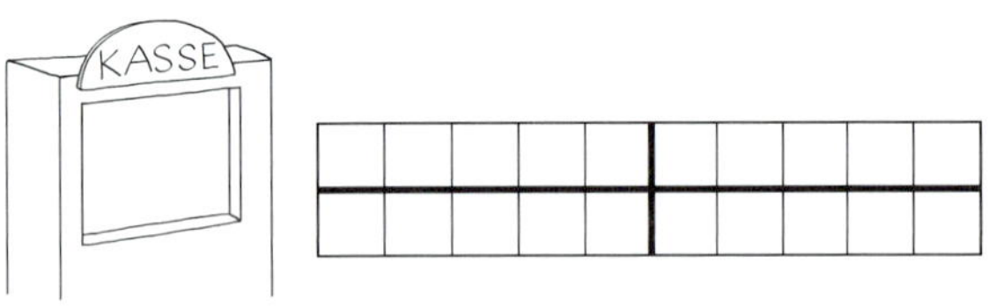

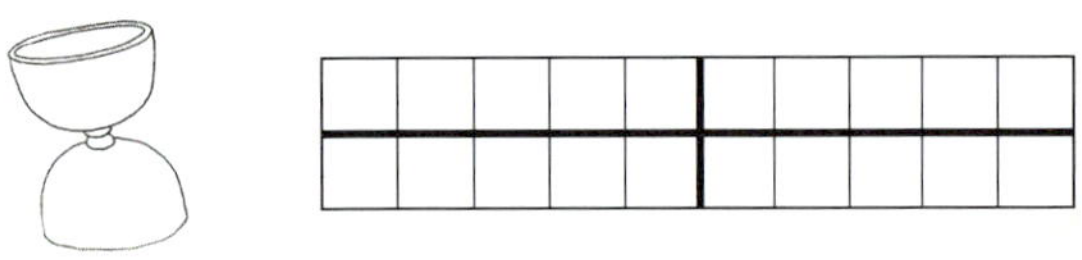

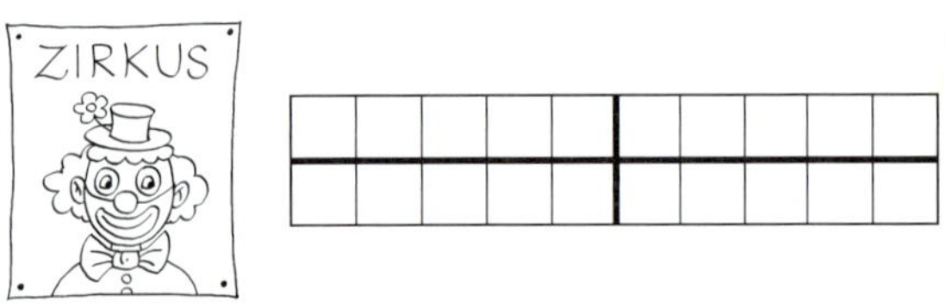

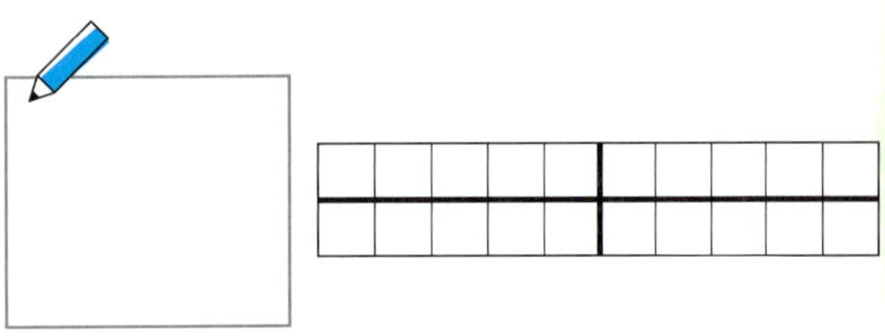

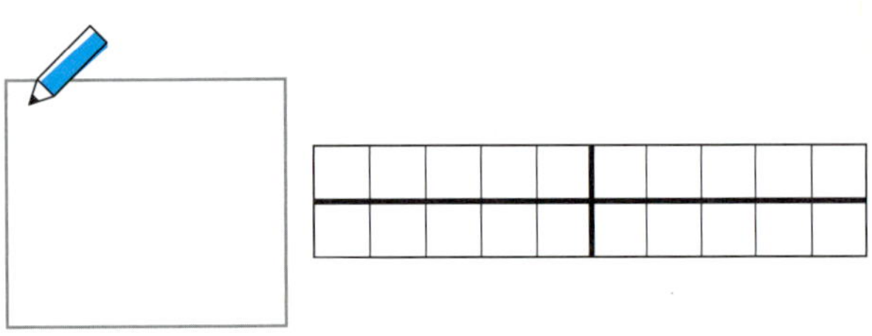

1 Mengen abzählen und im Zwanzigerfeld darstellen.

2 Welches Bild passt am besten zur Rechnung? Kreise ein.

4 + 2

3 + 2

10 – 4

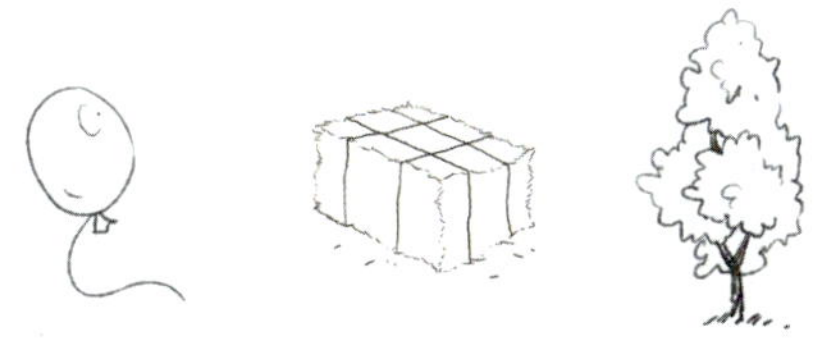

4 + 2

___ + ___

2 Passendes Bild zur Rechnung suchen und Situation beschreiben. **Hörübung:** Aus der Geschichte Rechnungen entnehmen.

Wiederholung: Das habe ich neu gelernt!

1

___ + ___ = ___ ___ − ___ = ___

2 Rechne auch die Tauschaufgabe.

2 + 3 = ___	7 + 3 = ___	4 + 5 = ___	8 + 3 = ___
3 + 2 = ___	___ + ___ = ___	___ + ___ = ___	___ + ___ = ___
3 + 6 = ___	2 + 8 = ___	2 + 6 = ___	7 + 5 = ___
6 + 3 = ___	___ + ___ = ___	___ + ___ = ___	___ + ___ = ___

3 Kontrolliere mit der Umkehraufgabe.

3 + 4 = ___	7 + 2 = ___	2 + 6 = ___	7 + 4 = ___
7 − 4 = ___	___ − ___ = ___	___ − ___ = ___	___ − ___ = ___
5 + 4 = ___	3 + 6 = ___	8 + 2 = ___	9 + 3 = ___
9 − 4 = ___	___ − ___ = ___	___ − ___ = ___	___ − ___ = ___

4 **Das Einspluseins-Spiel**

Ihr braucht: Einspluseins-Tafel

1–4 Wiederholung des aktuellen Stoffes. **4** Nur Aufgaben aus der bekannten Hälfte der Einspluseins-Tafel (siehe Umschlag) verwenden.

1 Vergleiche.

5 > 3	8 ○ 1	5 ○ 5	7 = ___	2 = ___
1 ○ 9	4 ○ 4	10 ○ 3	7 < ___	2 < ___
3 ○ 7	0 ○ 6	7 ○ 6	7 > ___	2 > ___
4 ○ 2	2 ○ 2	0 ○ 10		

2

V		N
	5	
	7	
	3	
	8	

V		N
	2	
	4	
	9	
	1	

V		N
1		
		6
5		
		7

V		N
2		
		8
0		
		10

3

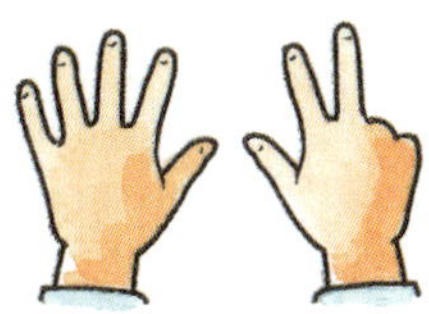

8
5 + ☐

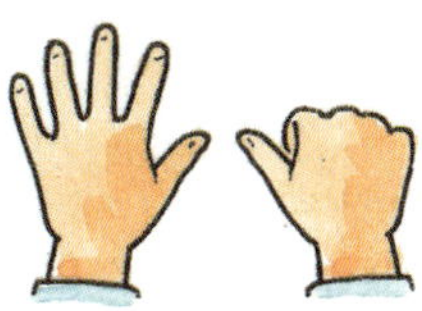

☐
☐ ○ ☐

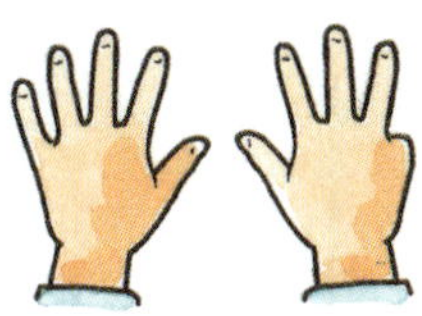

☐
☐ ○ ☐

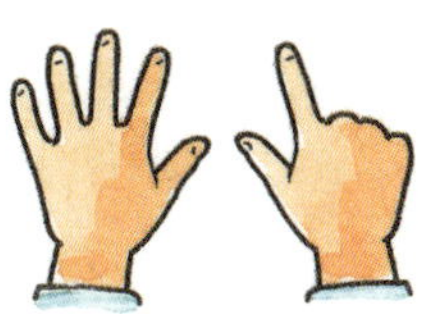

☐
☐ ○ ☐

4 Welche Hand?

links rechts

Vorwissen: Was kann ich schon?

1

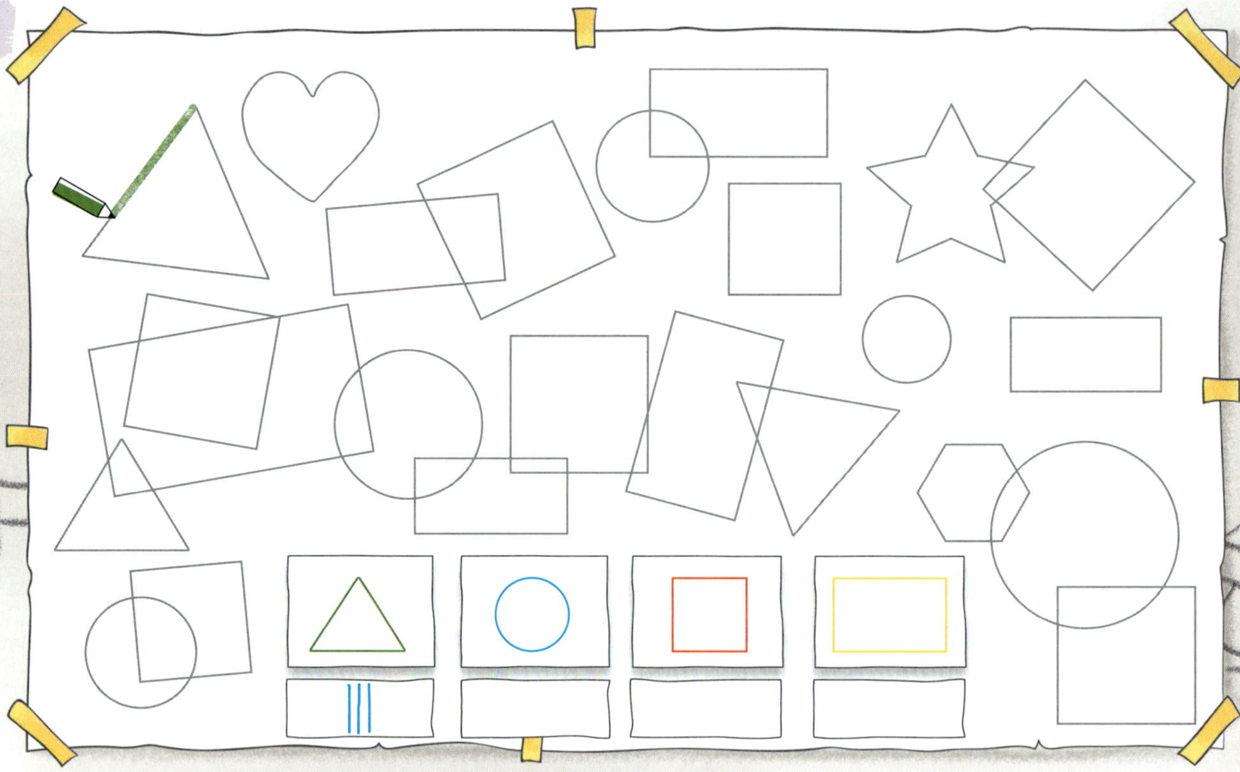

2

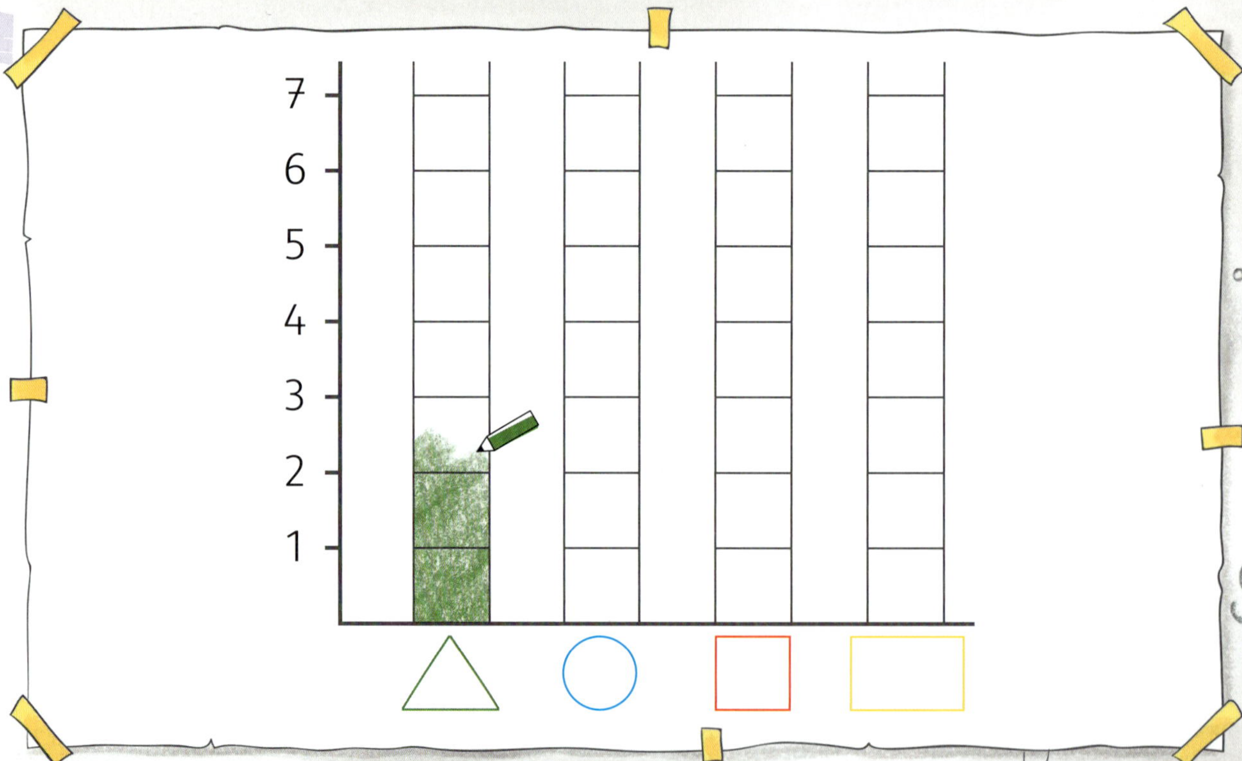

1 Geometrische Grundformen in unterschiedlicher Lage und Größe erkennen und freihändig nachspuren. Anzahl in Strichliste eintragen.
2 Anzahl der Formen in einer Grafik (Säulendiagramm) darstellen.

3

4

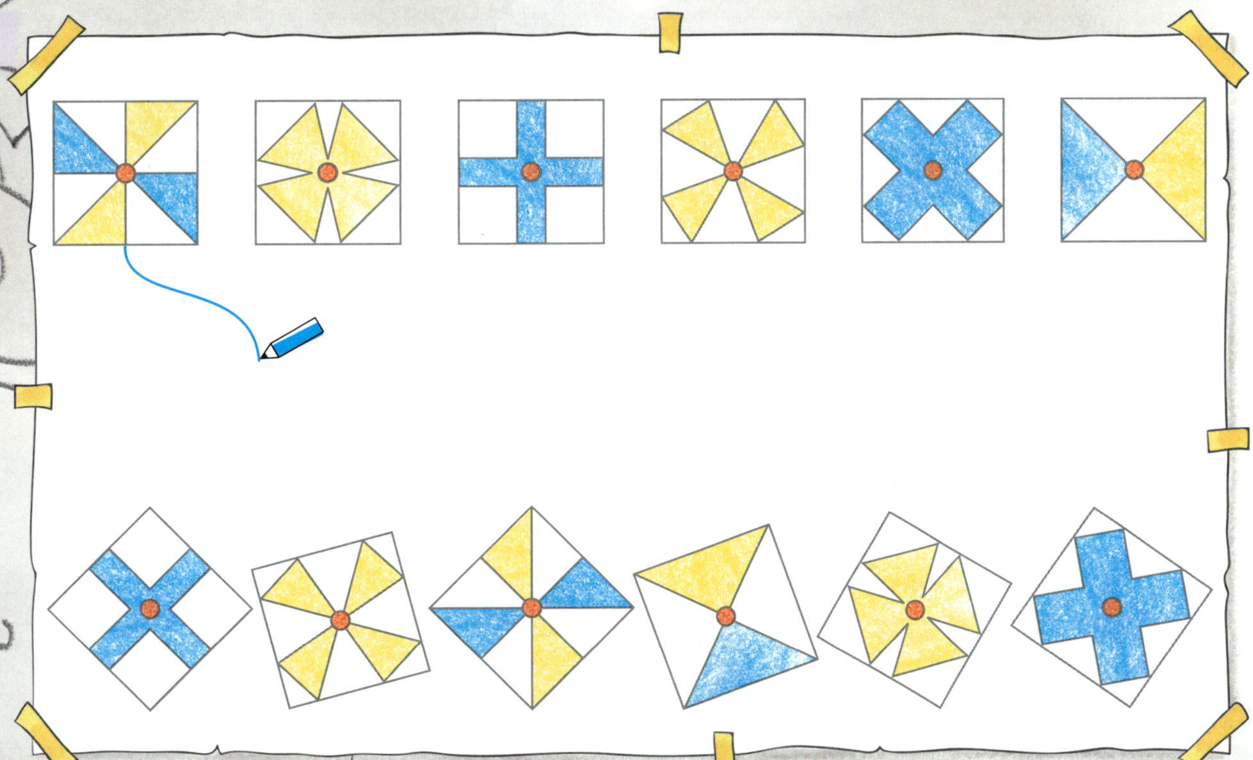

3 Puzzleteile auch in gedrehter Lage im Gesamtbild auffinden und färben. **4** Gleiche Bildkarten-Paare in gedrehter Lage erkennen, zuordnen und Verbindungslinie zeichnen.

→ **AH** 41

Flächen

1 Beschreibe.

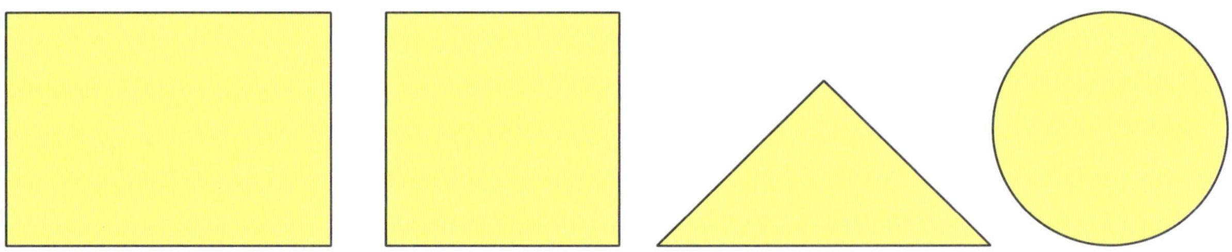

2 Setze die Muster fort.

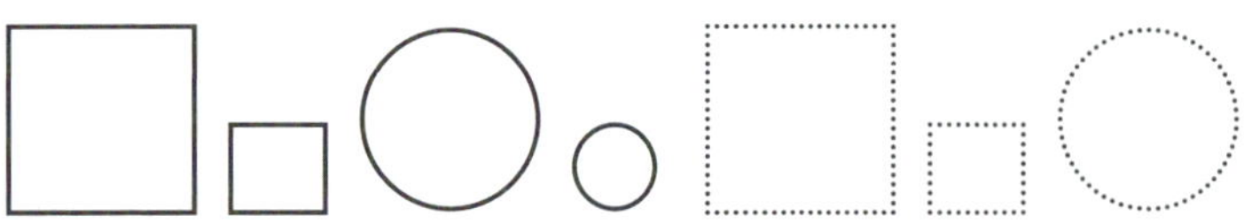

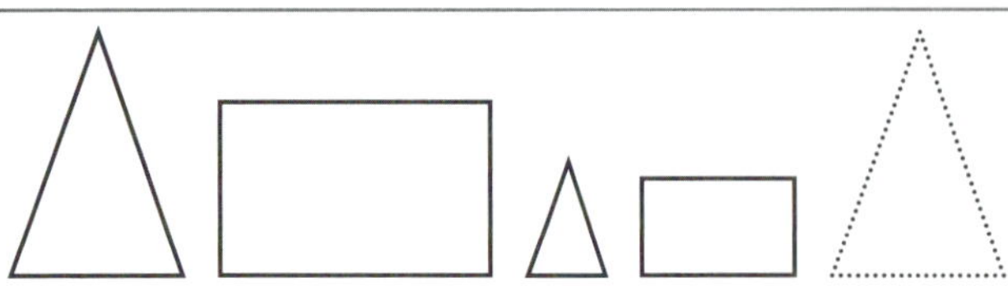

1 Flächen erkennen und beschreiben (Viereck, Rechteck, Quadrat, Dreieck, Kreis). Fachbegriffe verwenden (Ecke, Seite). Unmögliche Gegenstände finden und fehlende Funktionsfähigkeit begründen (z. B. eckige Reifen). **2** Die Grundformen als Freihandzeichnung nachgestalten. Geometrische Muster erkennen und fortsetzen. **Hörübung:** Flächen zeichnen.

1 Lege aus.

2 Lege nach und zähle.

◺ _1_ □ ___ ◺ ___ □ ___ ◺ ___ □ ___ ◺ ___ □ ___

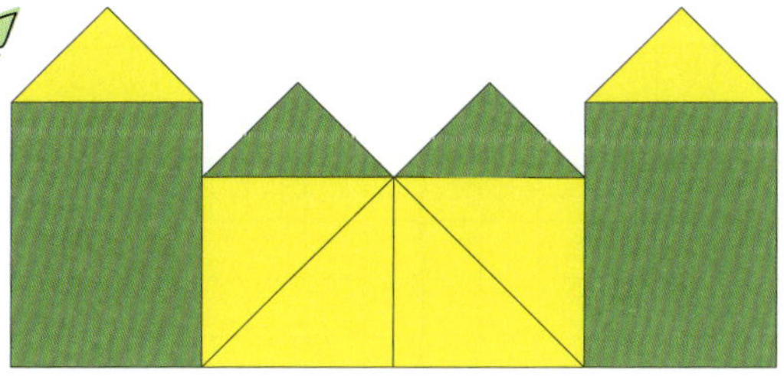

◺ ___ □ ___ ▭ ___

1 Haus mit Geo-Plättchen unterschiedlich auslegen, Tauschregeln beim Legen nutzen. **2** Gebäude nachlegen und die Anzahl der verwendeten Plättchen bestimmen. Weitere eigene Gebäude mit den Geo-Plättchen legen und evtl. zeichnen.

→ AH 42

Spiegelbilder zeichnen

1 Male an.

2 Zeichne fertig.

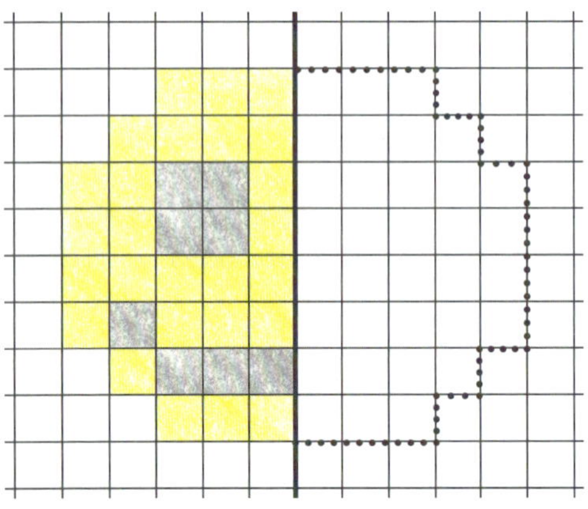

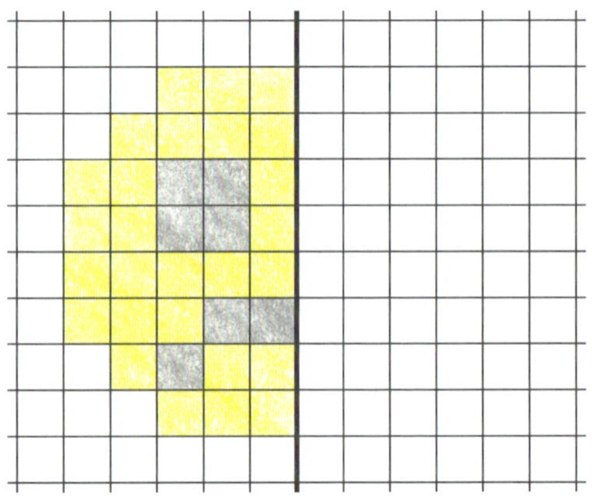

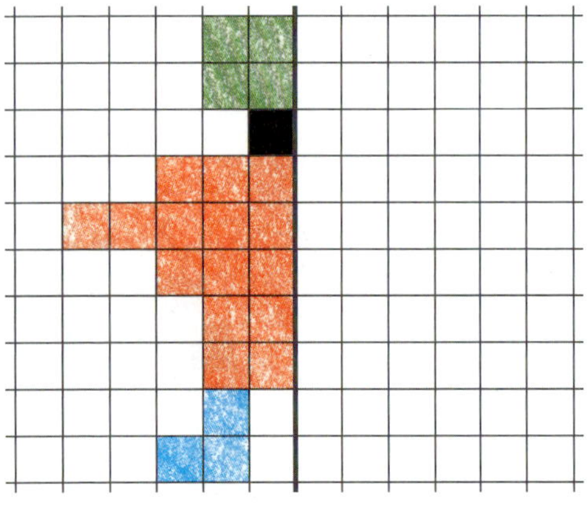

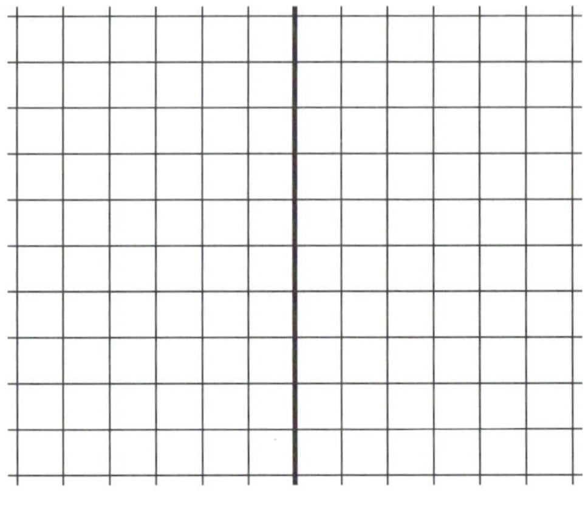

1 Symmetrien erkennen, Spiegelbilder anmalen. **2** Spiegelbilder ergänzen und selbst erstellen.

1

2 Was stimmt? Probiere aus und kreuze an.

kann rollen	☐	☐	☒	☐	☐
kann kippen	☐	☐	☐	☐	☐
hat Ecken	☐	☐	☐	☐	☐
hat Kanten	☐	☐	☐	☐	☐

3 Wie viele Körper sind es?

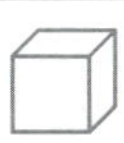	
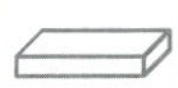	

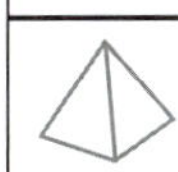	

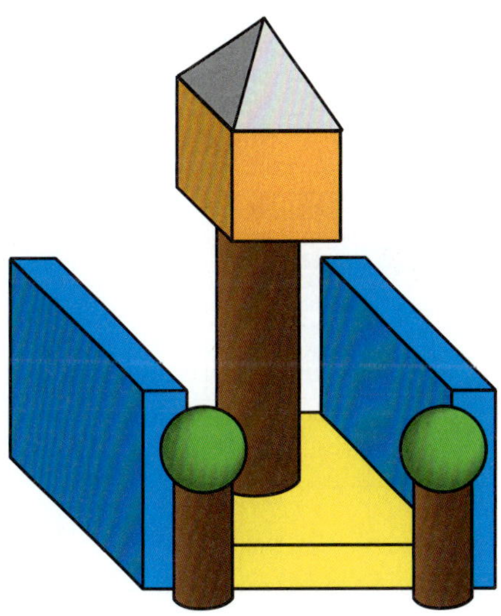

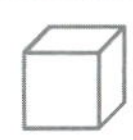	

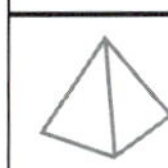	

1–2 Eigenschaften der Körper mit Demonstrationsmaterial besprechen. Bezeichnungen sind in der 1. Klasse noch nicht wichtig. **3** Anzahl der Körper bestimmen, evtl. selbst Gebäude mit Bauklötzen bauen und Anzahlen bestimmen.

Mit Formen knobeln

1 Öffne den Tresor.

2

3

4

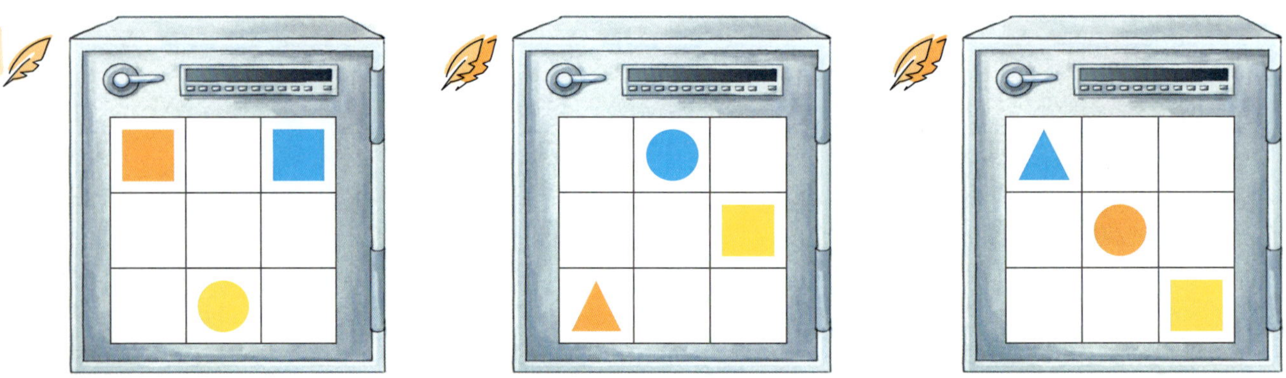

1 – 4 Das Muster so ergänzen, dass in einer Reihe bzw. Spalte entweder nur die gleiche Form (z. B. nur Quadrate) oder nur eine Farbe (z. B. nur blaue Formen) vorkommen. Bei den Aufgaben mit 2 Federn gibt es jeweils 2 verschiedene Lösungen. **Hörübung:** Formen nach Anleitung in ein Neunerfeld eintragen.

⟶ **AH** 43

1 Lege nach. Wie viele Dreiecke siehst du?

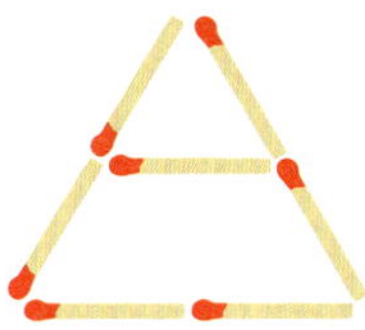

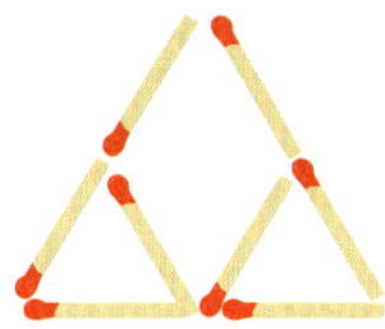
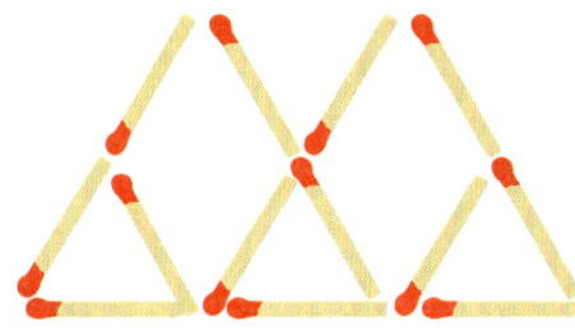

△ 2 △ ___ △ ___

2 Lege nach. Wie viele Quadrate siehst du?

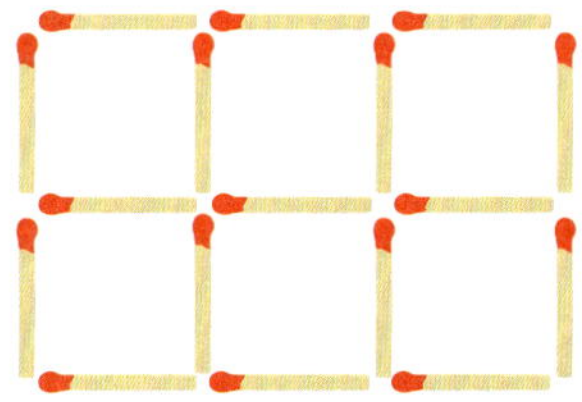

□ ___ □ ___ □ ___

3 Lege 3 Streichhölzer dazu. Nimm 4 Streichhölzer weg. Lege 1 Streichholz um.

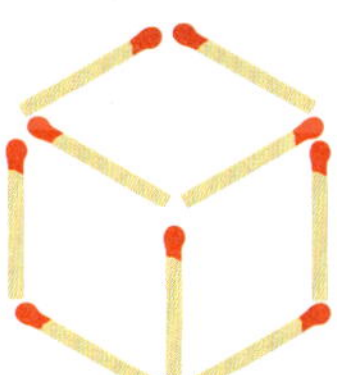
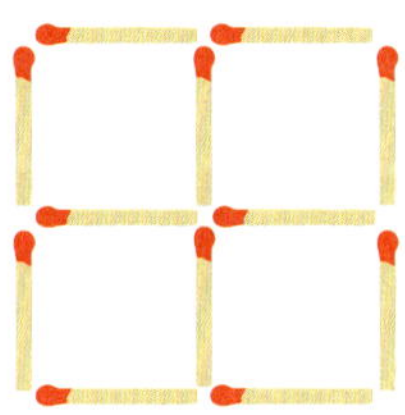
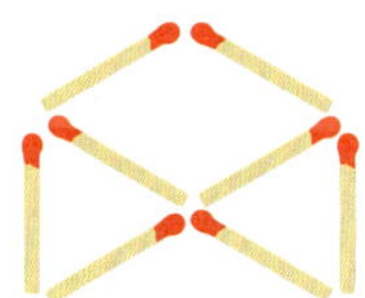

△ 6 □ 2 △ 3

4 Lege 4 Streichhölzer dazu. Nimm 2 Streichhölzer weg. Mach 2 Häuser daraus.

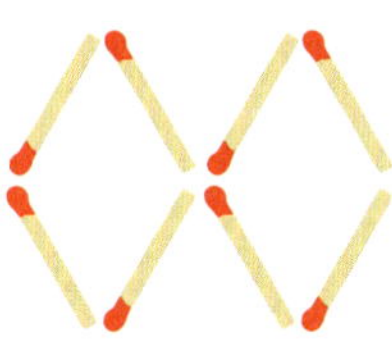
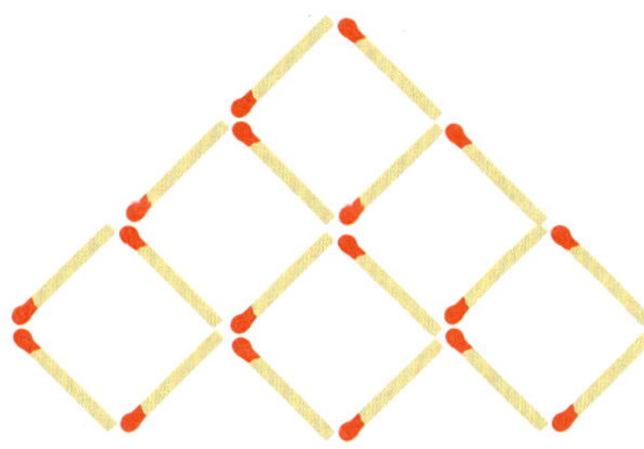
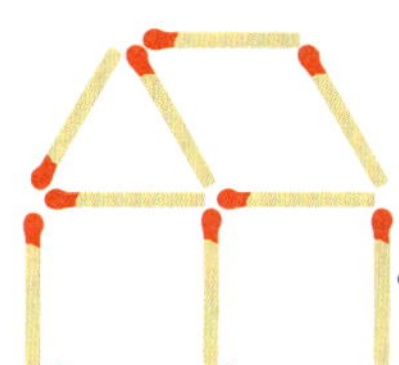

△ 6 □ 4

Geld

1

Cent c
1 c
2 c
5 c
10 c
20 c
50 c

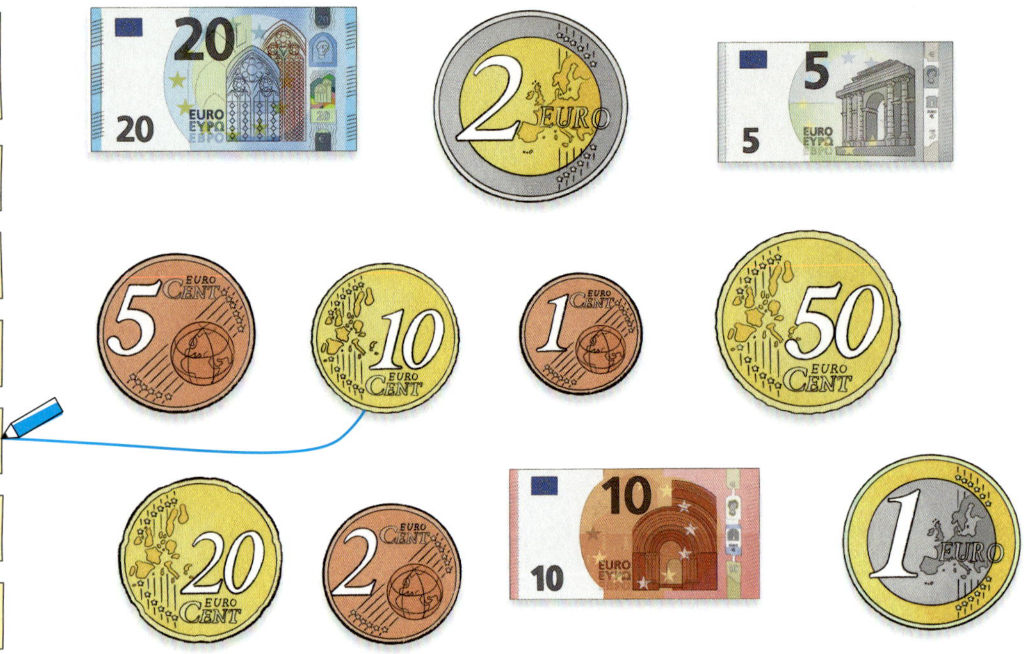

Euro €
1 €
2 €
5 €
10 €
20 €

2 Streiche das Falschgeld durch.

Es gibt 7 Fehler.

3

€	€							c	c						

1 Euro-Münzen und -Scheine kennenlernen und mit ihrem Wert verbinden. **2** Münzen und Scheine, die es in Wirklichkeit nicht gibt, durchstreichen. **3** Münzen anhand ihrer Form erkennen und entsprechend dem Original anmalen. Hilfe: Mit Geld nachlegen. Schreibweise des Euro- und Cent-Zeichens üben.

1

2

3 Male die passenden Münzen oder Scheine an.

4 c	(5c) (2c) (2c) (1c) (1c)	4 €	5€ (2€) (2€) (2€) (2€) (1€) (1€) (1€) (1€)
7 c	(5c) (2c) (2c) (1c) (1c)	6 €	5€ (2€) (2€) (2€) (2€) (1€) (1€) (1€) (1€)
8 c	(5c) (2c) (2c) (1c) (1c) (1c) (1c)	9 €	5€ (2€) (2€) (2€) (2€) (1€) (1€) (1€) (1€)
8 c	(5c) (2c) (2c) (1c) (1c) (1c) (1c)	9 €	5€ (2€) (2€) (2€) (2€) (1€) (1€) (1€) (1€)

1 Centbeträge legen und den Wert aufschreiben. **2** Eurobeträge legen und den Wert aufschreiben. **3** Bei den letzten zwei Aufgaben in jeder Spalte zwei unterschiedliche Möglichkeiten finden.

→ AH 45

Mit Geld knobeln

1 Mehr, weniger oder gleich viel Geld? Ergänze <, > oder =.

 < 4 €

 ● 6 €

 ● 6 €

 ● 10 €

2 Ergänze einen passenden Geldbetrag.

 < ___ €

\> 5 €

3 Wer hat am meisten Geld? Berechne.

			Rechnung	Antwort
Lisa	|||	||	6 € + ___ = ___ €	Lisa hat ___ €.
Selma	||	||||	______________	Selma hat ___ €.
Florian	||||	||||	______________	Florian hat ___ €.

______________ hat am meisten Geld.

4 Wie viele Münzen brauchst du mindestens? Erstelle eine Strichliste.

7 €	|||	|
9 €		
10 €		

12 €			
15 €			
7,50 €			

1–2 Geldbeträge vergleichen bzw. so einsetzen, dass der Vergleich stimmt. **3** Informationen aus der Tabelle entnehmen und rechnen. **4** Strichliste ergänzen. Hilfe: Mit Geld nachlegen.